小学生应该知道的学科知识

你好呀，数学！

英国尤斯伯恩出版公司 编著
孙迪 译

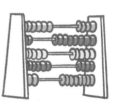

接力出版社
Publishing House

目录

这本书里介绍了哪些数学知识呢？请先看看右边的目录吧。

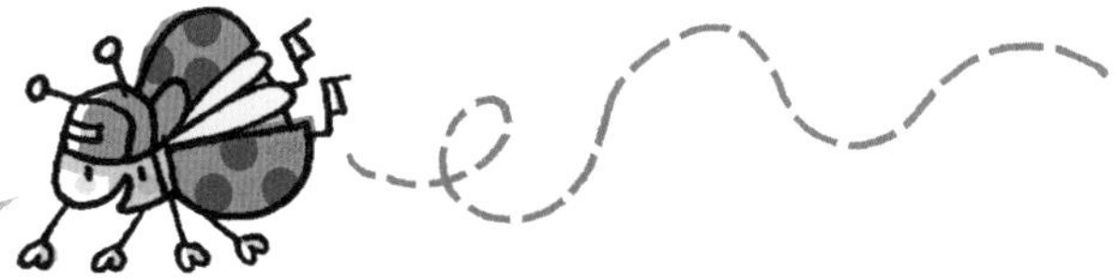

数字标示的是每部分的起始页码。

上小学之后还要了解哪些知识呢？可以看看同系列的其他主题哟！

我们是虫虫数学家。

我们会帮你解决生活中遇到的各种数学问题。

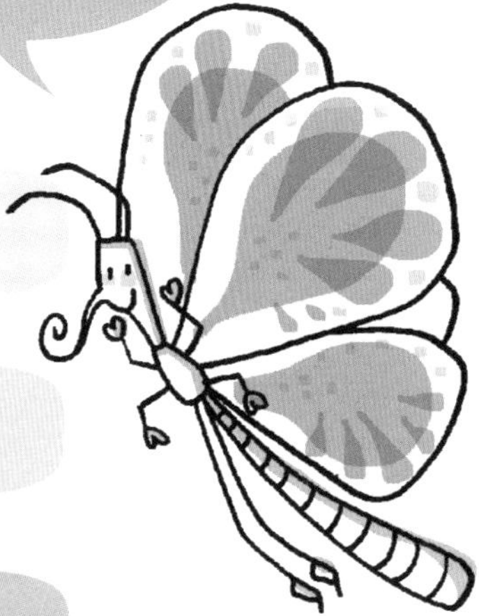

你可以在“你知道吗”这个部分找到一些术语的解释。

特别感谢

感谢凯迪·戴恩斯在本书文字方面的贡献，
斯特凡诺·托涅蒂在本书图画方面的贡献，
爱丽丝·里斯、佐伊·雷在本书设计方面的帮助，
罗西·迪金斯在本书编辑方面的帮助，
数学领域专家希拉·埃布特、佩妮·科尔特曼和中国科学院自然科学史研究所副研究员郭园园
对本书知识进行的审订。

数学是什么？

数学是一门解决问题的学问。

我们每天都会在各种场景中用到数学知识。

下面就是一些例子。

要想用数学解决问题，就要了解以下知识。

数和运算

数数
1
2
3
4
5
6
7
8
这是奇数还是偶数？
+
−
加法和减法
乘法和除法
×
÷

我们身上的花纹一样吗？

规律

下一片叶子会是什么形状？

形状

这几种图形各有几条边？
这两块拼图能拼在一起吗？

大小

谁最长？
谁最高？
谁最重？

你可以利用下面这些方法来解决数学问题。

大脑擅长处理各种难题。

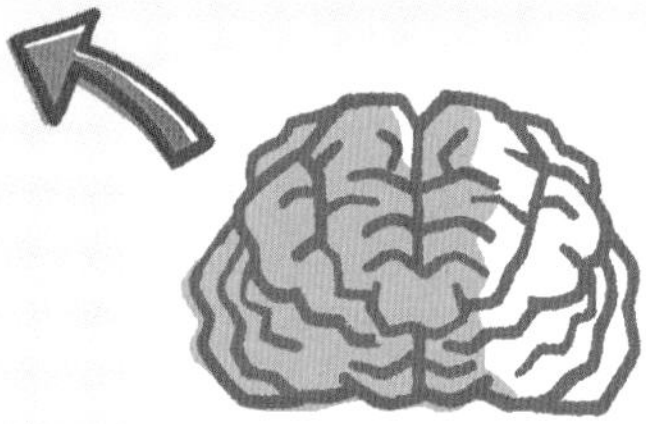

数数时可以用你的手指。

你会正着和倒着数数吗？

计算器是一种小型计算机，可以处理复杂的运算。

手指不够用时，珠算架可以帮上忙。

秤可以测量物体的重量。

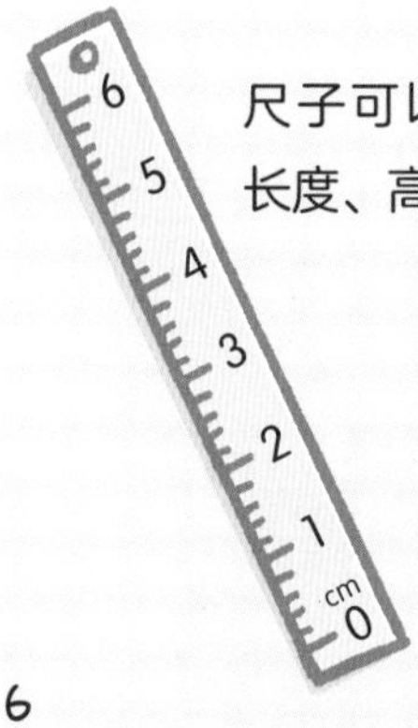

尺子可以测量物体的长度、高度和宽度。

一支铅笔和几张纸。

在处理比较复杂的问题时，你可以用笔和纸写下思考过程。

有许多诀窍和技巧可以使数学问题变得简单。

需要数的物品比较多时，记数符号会很有用。

每数1个，就画1条竖线做标记。
每次数到第5个时，在之前的4条竖线上画1条横线。
两个5加起来等于10！

计算简单的加减法时，可以使用手指。

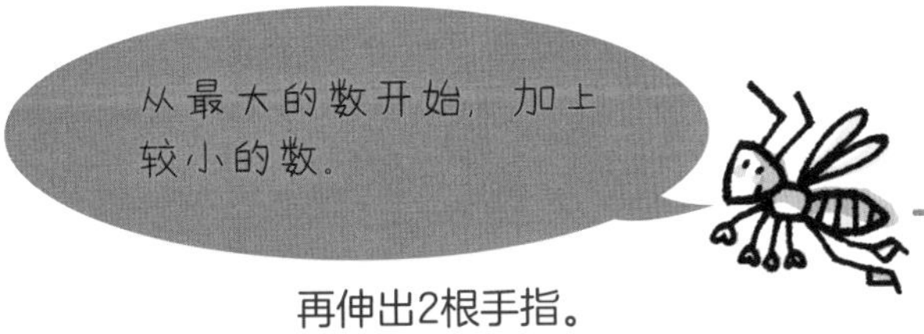

从最大的数开始，加上较小的数。

7加2等于几？

再伸出2根手指。一共伸出了几根手指？

先伸出7根手指……

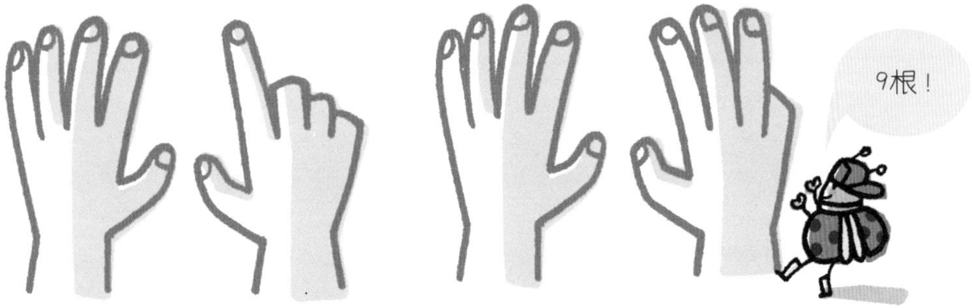

8减5等于几？

然后收起5根手指。还剩几根手指？

先伸出8根手指……

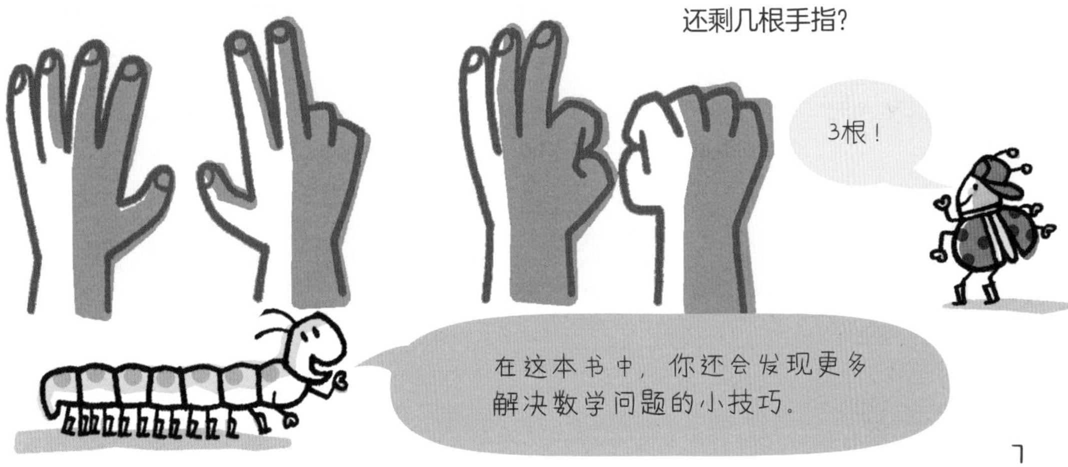

数字*

数字在生活中随处可见，想一想，你在哪些场景中见过数字？

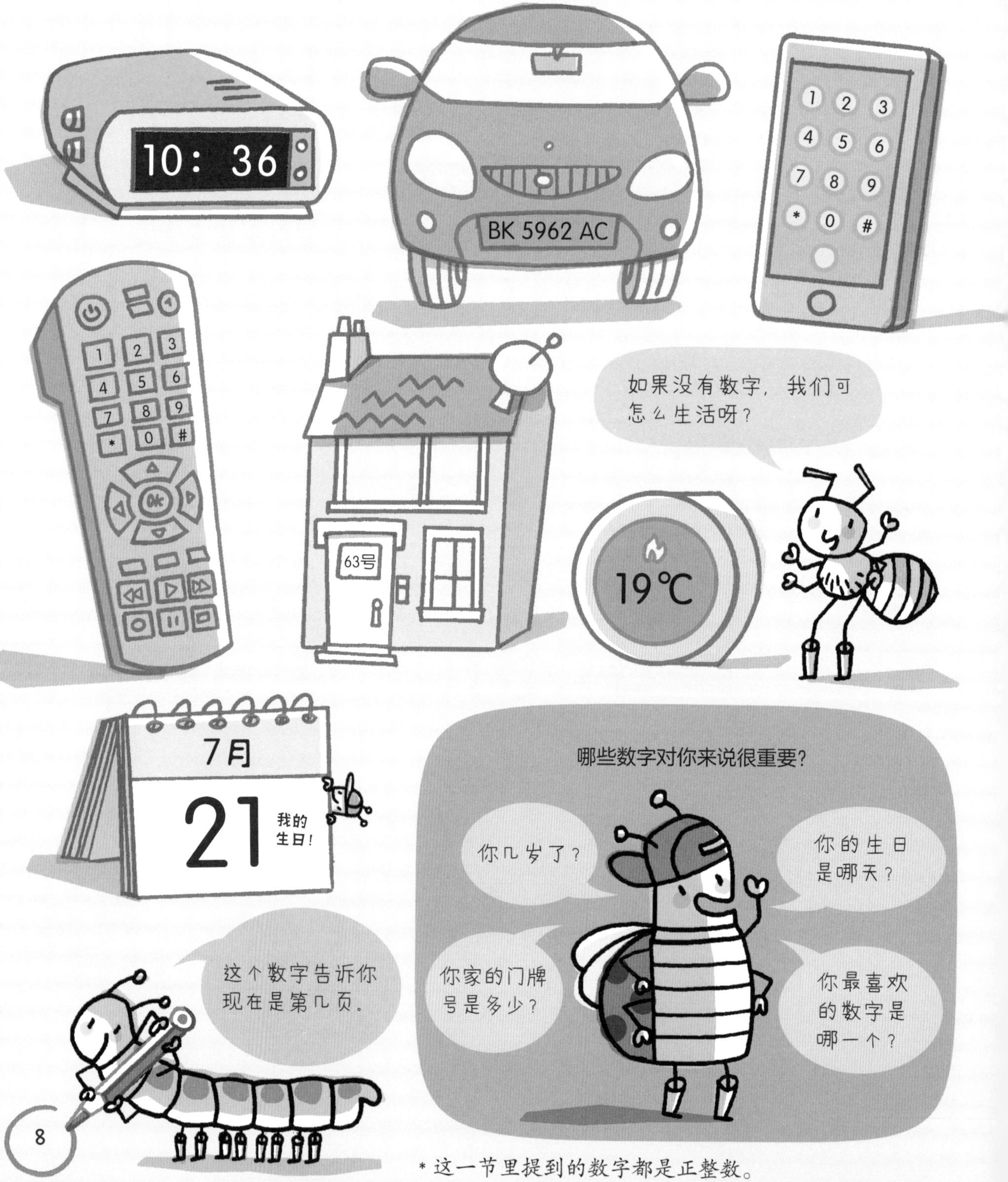
10: 36
BK 5962 AC
1 2 3
4 5 6
7 8 9
* 0 #
63号
19℃
如果没有数字，我们可
怎么生活呀？
7月
21
我的
生日！
哪些数字对你来说很重要？
你几岁了？
你的生日
是哪天？
你家的门牌
号是多少？
你最喜欢
的数字是
哪一个？
这个数字告诉你
现在是第几页。

* 这一节里提到的数字都是正整数。

我们可以用汉字、符号，甚至图案来表示数字。

一 二 三 四 五 六
1 2 3 4 5 6
这是数字1－6在骰子上的表示方式。

0—9各有一个对应的记数符号。

0 1 2 3 4 5
6 7 8 9

这十个符号通过不同的组合，可以表示更大的数。
这些符号是古印度人发明的，由阿拉伯人传向世界，所以人们称其为“阿拉伯数字”。

当数量大于9时，每10个组成一组，再计算其他数量。

我数了一组10个球。
1
2
我数了另外2个球。

这两个数字组成一个两位数。

1 2
12！

数可以分为偶数和奇（jī）数。

一个数所表示的量如果可以平均分成两份，这个数就是偶数。

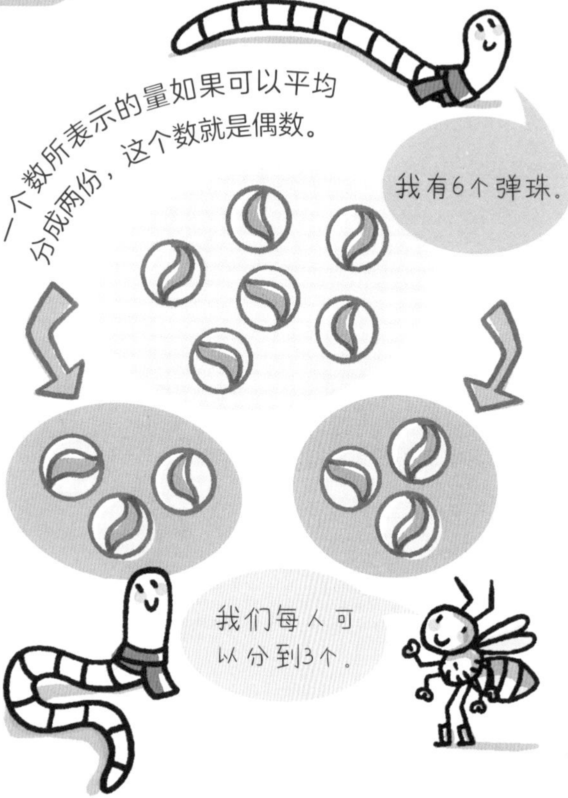

我有6个弹珠。
我们每人可以分到3个。

一个数所表示的量如果不能平均分成两份，这个数就是奇数。

我有7颗草莓。
分给我4颗，分给你3颗。

当你一个一个连续地数数时，数总是在奇数和偶数间交替变化。

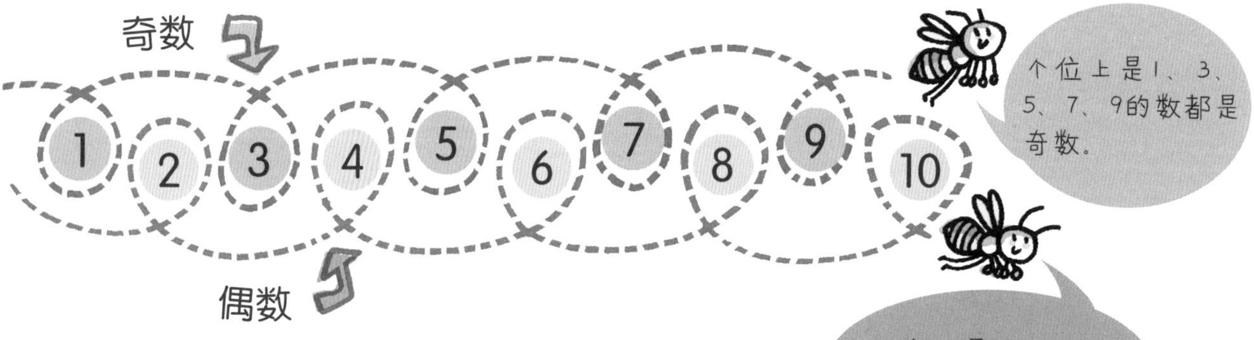

答案：52和78是偶数，75是奇数

数要按正确的顺序排列，这一点非常重要。

数值较小的数在序列中较为靠前。

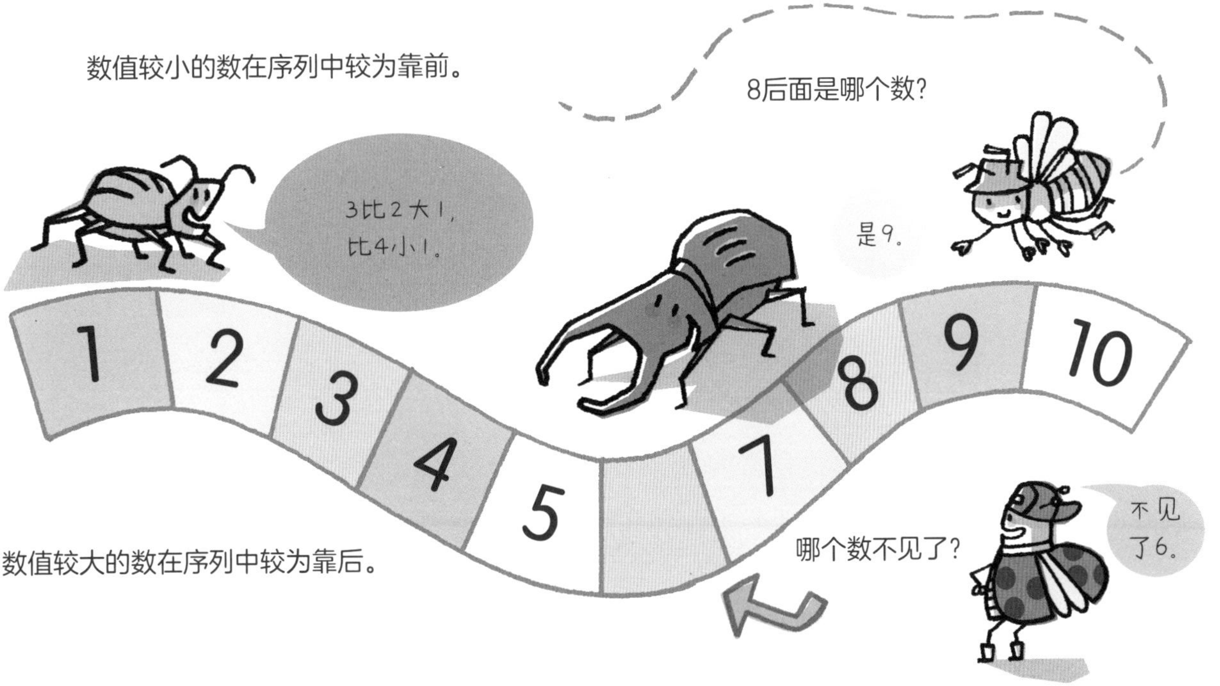

数值较大的数在序列中较为靠后。

在一条线上将各个数按顺序写下来，这种方法可以帮助你解决很多数学问题。

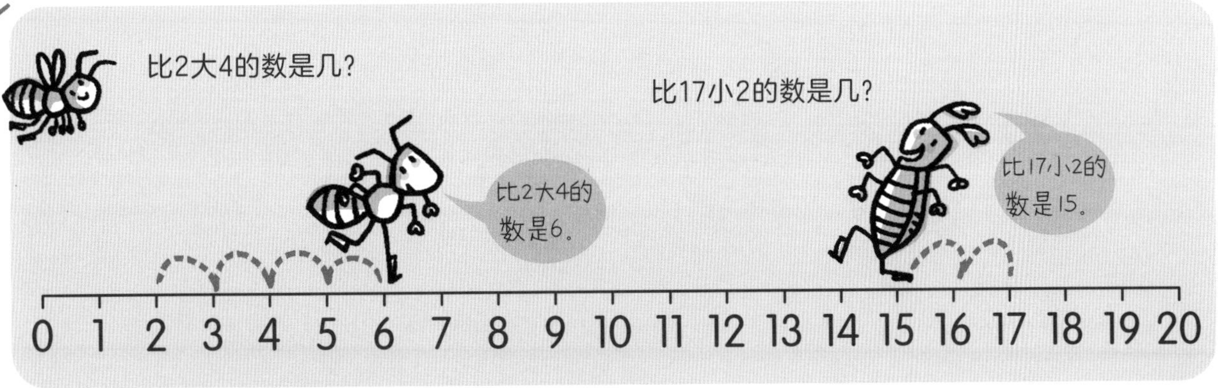

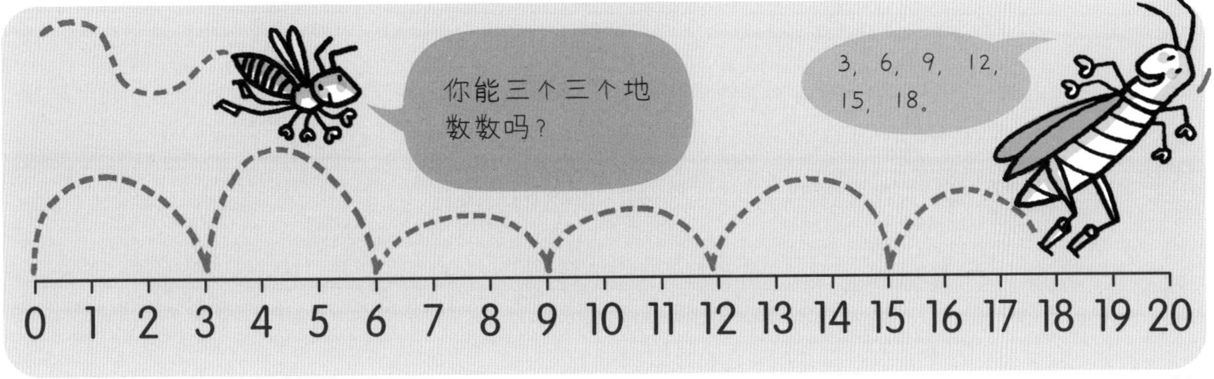

有的数很大，有的数很小。

你有多少根头发？你觉得这个数是大还是小？

实际上，每个人大约有100,000根头发。

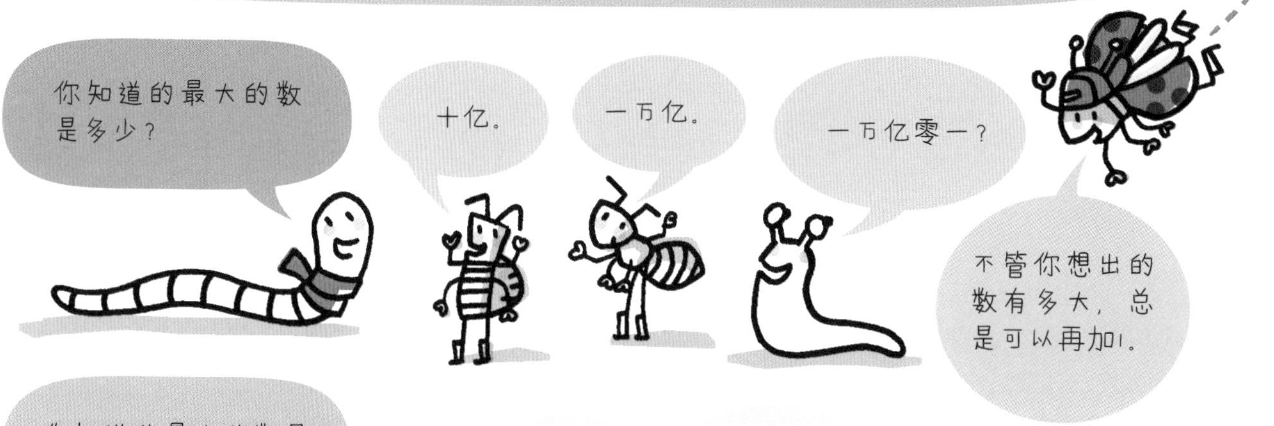

你知道的最大的数是多少？
十亿。
一万亿。
一万亿零一？
不管你想出的数有多大，总是可以再加1。

你知道的最小的数是多少？
一？
四分之一？
零！

单独一个0表示没有，但它出现在其他数后面时，可以使这个数变大很多。

0	零
10	十
100	一百
1,000	一千
1,000,000	一百万
1,000,000,000	十亿
1,000,000,000,000	一万亿

一个数越大，它的位数就越多。

将一个数的每个数位都想象成占有单独的一列，可以帮助我们更好地理解这句话。

这一列是百位。 这一列是十位。 这一列是个位。

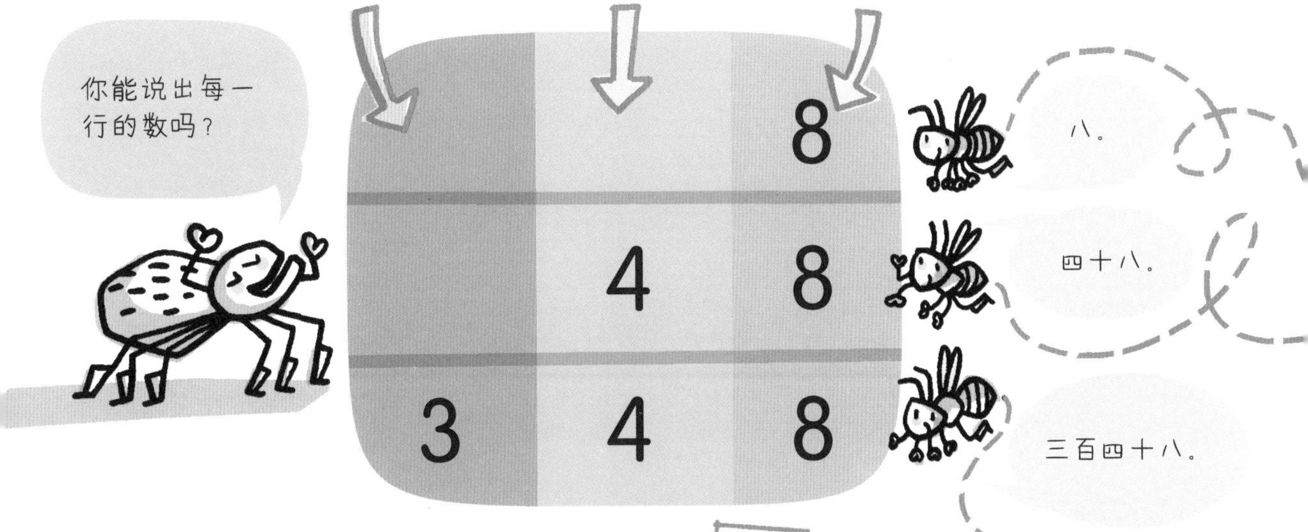

将右边的三个数字分别写在三张纸上。通过改变顺序，你可以组合出多少个不同的数?

试着将组合出的数大声读出来。

可以组合出6个不同的数！哪个数最大？哪个数最小？

答案：最大的数是521，最小的数是125

加法和减法

通过对数进行加法或减法运算，你可以解决很多问题。

下面是加法的例子。

这两朵花一共有多少片花瓣？
把两朵花花瓣的数量加起来。
最快的计算方法是从较大的数开始累加。
这朵花有3片花瓣……
这朵花有7片花瓣。
我从7开始再数3个数：8，9，10。答案是一共有10片花瓣！

下面是减法的例子。

好香啊！
我烤了10块饼干！
我想吃掉这4块。
还剩下几块饼干？
只剩6块了！

在数学中，我们用各种符号来简明地表达问题。

+ 加号

加号表示“增加”。

— 减号

减号表示“拿走”或“减少”。

= 等号

等号表示两边的数值相等。

花瓣问题可以这样表示：

7 + 3 = 10

加数 + 加数 = 和

饼干问题可以这样表示：

10 − 4 = 6

被减数 − 减数 = 差

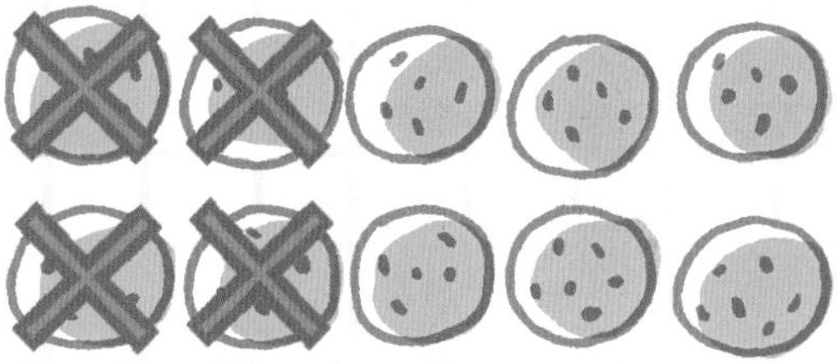

下面这两个问题应该怎样用符号表示呢？

A 甲虫建了10个沙堡。

我还可以再建4个沙堡。

现在有14个沙堡。

B 毛毛虫有11支蜡笔。

我给了朋友3支蜡笔。

现在它还剩8支蜡笔。

答案：A.10+4=14，B.11−3=8

十一

按顺序写数可以帮助你进行加减法运算。

下面的例子展示了如何利用一组按顺序排列的数进行加减法运算。

$5 + 3 =$

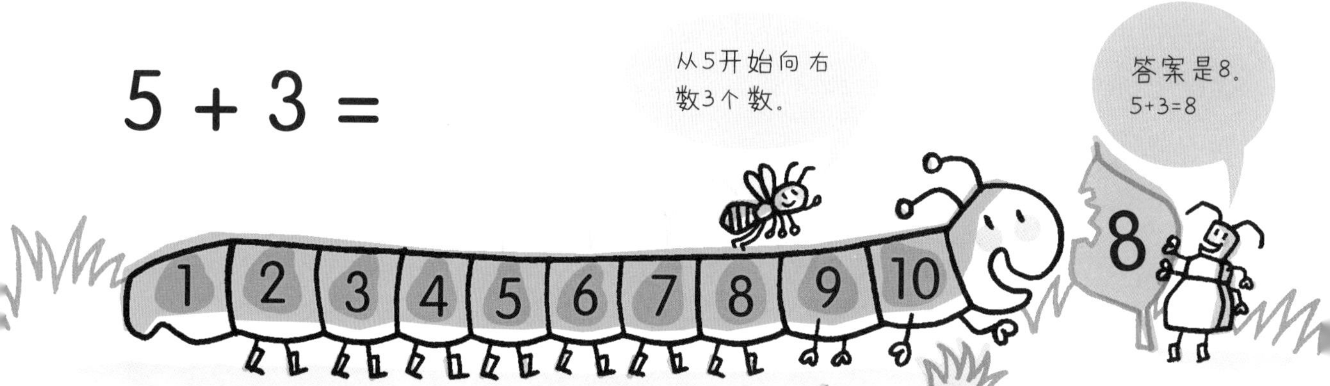

$8 - 3 =$

另一种进行减法运算的方法是找到两个数之间的差值。

它们两个的跳远距离相差多少？

用减法表示这个计算过程是：

$9 - 7 = 2$

你也可以用加法表示：

$7+2=9$

在进行加减法运算时，你可以用固定的几个数列出一个个算式，这几个算式组成一个算式家庭。

算式就是进行数的计算时列出的式子。1+5=6就是一个加法算式。

我们看一下数7、2、9的算式家庭。

它们有两个加法算式……

最大的数是和。

相加的两个数可以交换位置。

和两个减法算式。

减法运算是从最大的数开始的。

减数和差可以交换位置。

下面几个数的算式组成了另一个算式家庭。

哪些数不见了？

6 + 7 = 13 ☆ + 6 = ☆

13 – 6 = ☆ ☆ – ☆ = 6

你知道下面这些算式中数7、2、9之间是什么关系吗？

解决的数学问题越多，发现的规律也越多。

答案：7+6=13，13–6=7，13–7=6

十一

有时候，一个数加另一个数的运算结果是整十、整百、整千这样的整数，利用这个特点进行运算的方法叫作凑整法。

下面是可以凑成10的数。

1 + 9　　9 + 1

2 + 8　　8 + 2

3 + 7　　7 + 3

4 + 6　　5 + 5　　6 + 4

= 10

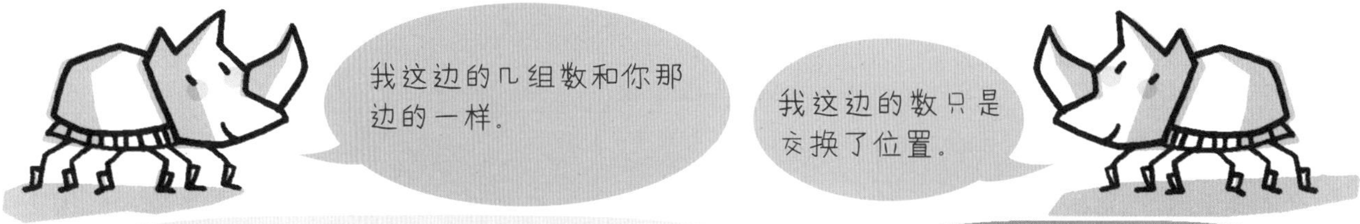

我这边的几组数和你那边的一样。
我这边的数只是交换了位置。

凑整法能帮助你进行更多个数的加法运算。

$2 + 8 + 5 =$

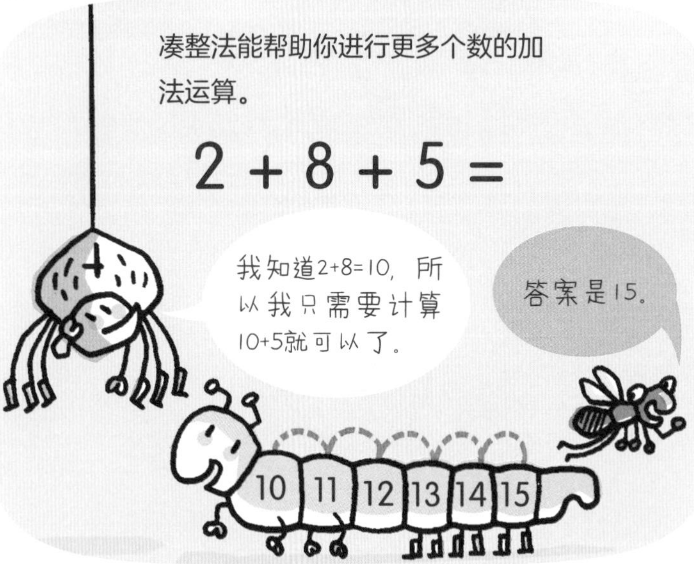

我知道2+8=10，所以我只需要计算10+5就可以了。
答案是15。
10 11 12 13 14 15

凑整法也可以帮助你进行减法运算。

$10 - 9 =$

1
我知道哪个数可以和9组成10。

在这两道题中，哪些数不见了？

10 − ☆ = 7
10 − ☆ = 4

答案：10−3=7，10−6=4

如果你已经掌握了凑10法，那么你很容易就能计算出可以凑成20的数。

你只需要将能够凑成10的两个数中的一个数再加上10就可以了。

1 + 9 + 10

你可以将10和第一个数相加……

11 + 9 = 20

1 + 19 = 20

也可以将10和第二个数相加。

这是几组可以凑成100的数。

10 + 90	40 + 60	70 + 30
20 + 80	50 + 50	80 + 20
30 + 70	60 + 40	90 + 10

有没有觉得它们很熟悉？

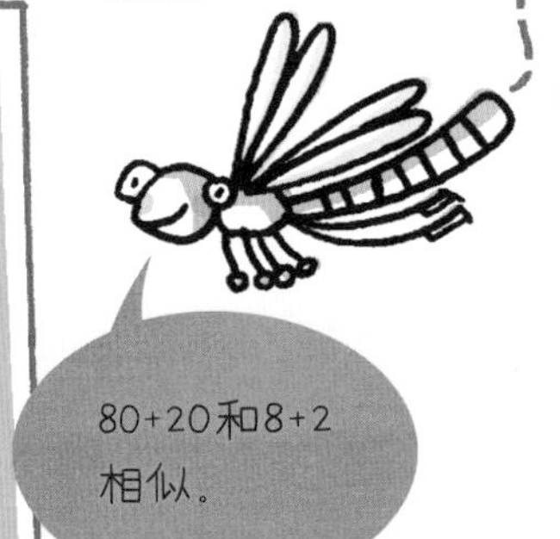

80+20和8+2相似。

你能十个十个地数数吗？
你会十个十个地倒着数吗？

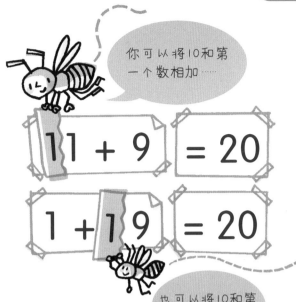

这些相邻的数之间都相差10。

一百、九十、八十、七十……

+10 +10 +10 +10 −10 −10 −10

0	10	20	30	40	50	60	70	80	90	100
零	十	二十	三十	四十	五十	六十	七十	八十	九十	一百

十一 如果是两位数的加减法运算，可以尝试将两位数拆分成整十数和个位数再进行计算，这种方法叫作拆分法。

数字10在计算中非常有用，因为加10、减10的运算比较简单。

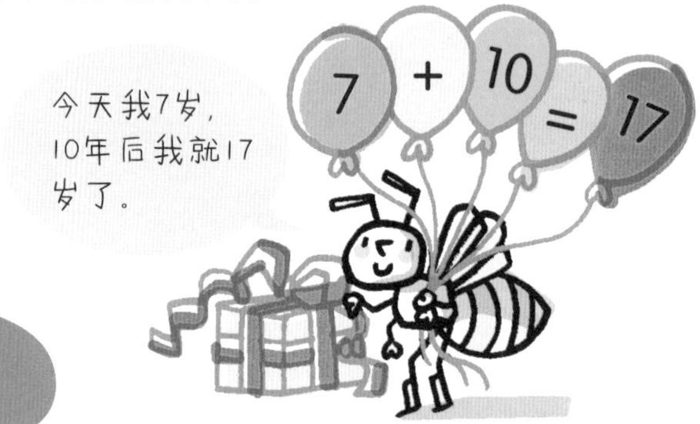

今天我7岁，
10年后我就17岁了。
7 + 10 = 17

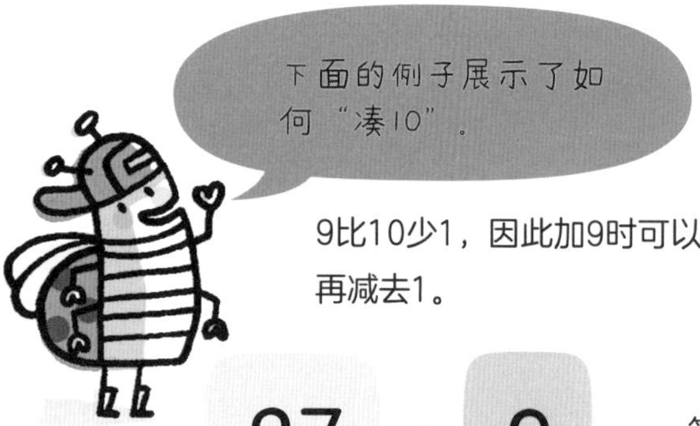

下面的例子展示了如何“凑10”。

9比10少1，因此加9时可以先加10，再减去1。

27 + 9　等于　27 + 10 − 1

先加10。

37 − 1　再减1。

= 36　答案是36。

下面的例子展示了如何“拆10”。

11比10多1，因此减11时可以先减10，再减1。

27 − 11　等于　27 − 10 − 1

我会先减去10，再减去1。

17 − 1 = 16

哦，太聪明了！

通过数的凑整和拆分可以使数学计算更简便。

我们已经骑行了11分钟。
再骑10分钟就到达目的地了。

它们整个行程一共花了多长时间？

$$10 + 10 = 20$$
$$20 + 1 = \underline{21}$$

你能心算出这些问题的答案吗？

再过11年我的曾祖母就100岁了。

曾祖母现在多大年纪？

$$100 - 10 = 90$$
$$90 - 1 = \underline{89}$$

我有29枚硬币……
我有70枚硬币……

它们一共有多少枚硬币？

$$30 + 70 = 100$$
$$100 - 1 = \underline{99}$$

我有28颗扣子，我需要在衣服上缝11颗扣子。

小虫还剩多少颗扣子？

$$28 - 10 = 18$$
$$18 - 1 = \underline{17}$$

当你将一个数加0或减0时，这个数会发生什么变化？

$$20 + 0 = 20 \qquad 100 - 0 = 100$$

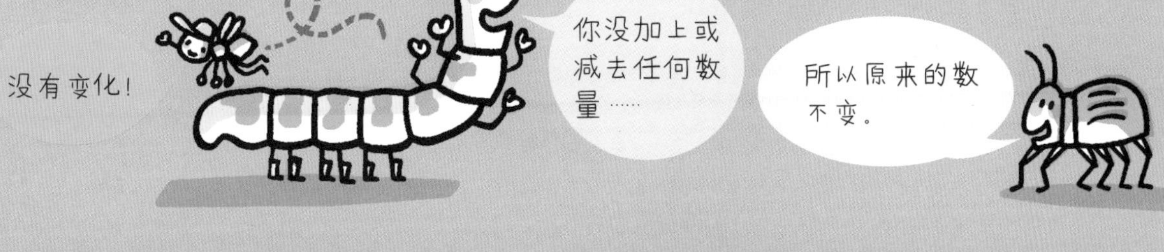

没有变化！
你没加上或减去任何数量……
所以原来的数不变。

十一 进行加法运算时，先凑到整十，再加上剩下的数，这样能使运算比较简便。

这辆双层公共汽车每层有10个乘客座位。

乘车的小虫需要在底层坐满后再到顶层就座。

底层再坐2只小虫就满了。
所以我们当中有3只小虫要坐到顶层。

一共有多少只乘车的小虫？

8 + 5　　等于　　8 + 2 + 3　　等于　　10 + 3 = 13

你也可以利用数轴凑整计算总和。

要计算8+5，先在数轴上标好8的位置。

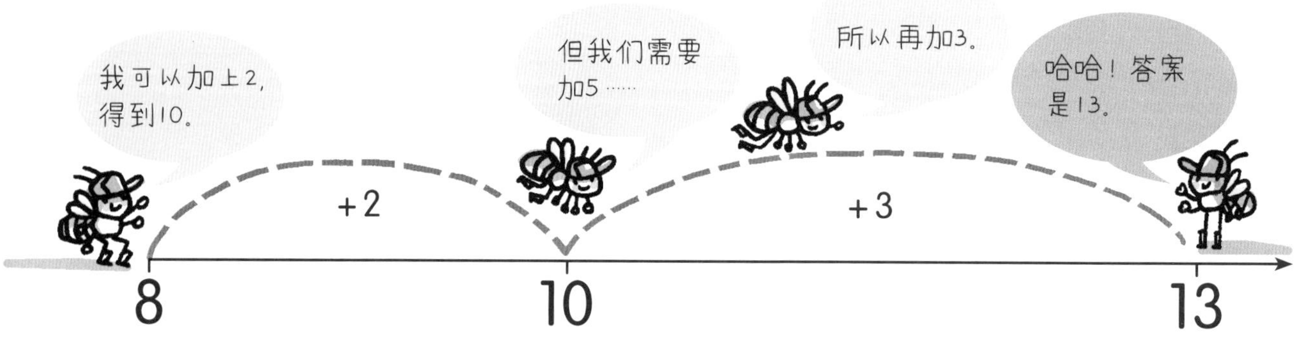

怎样用凑整法计算17+4？

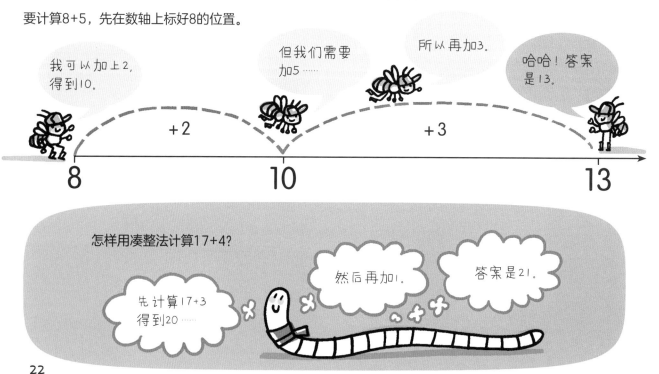

尝试用凑整或拆分的方法解决以下问题。

我们试试拆分一下23。

23里包含几个10？

剩下的3包含几个1？

你也可以将23写作

现在我们用数轴计算23与其他加数的和。

$$64 + 23 =$$

先加整十数……

再加个位数。

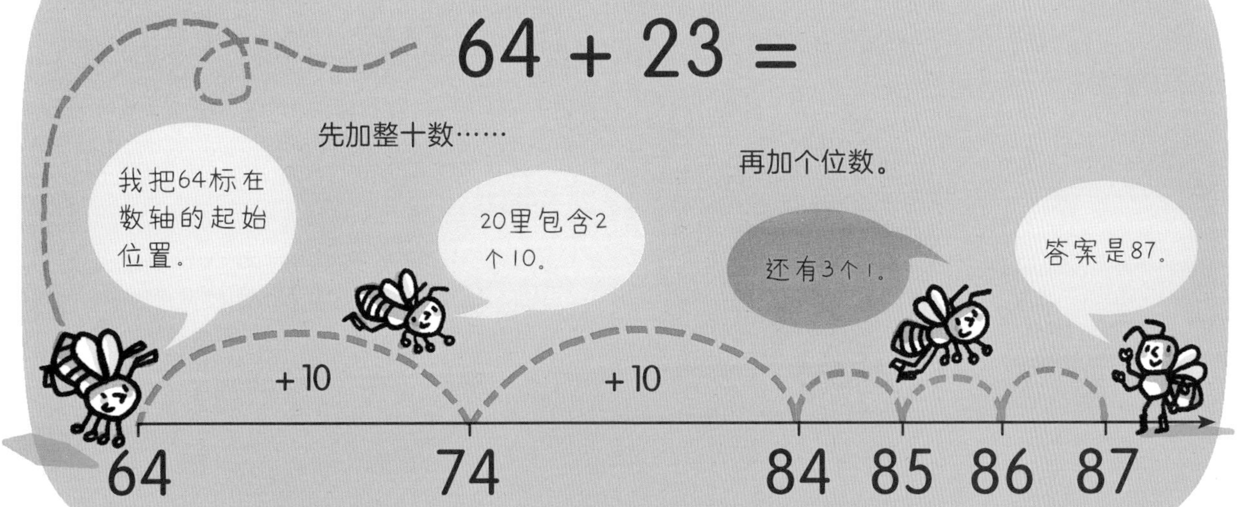

你能在脑海里想象出一个数轴，然后计算下面的加法算式吗？

43 + 14 = ☆　　68 + 11 = ☆

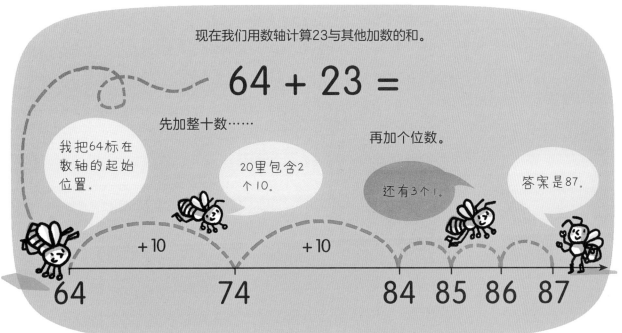

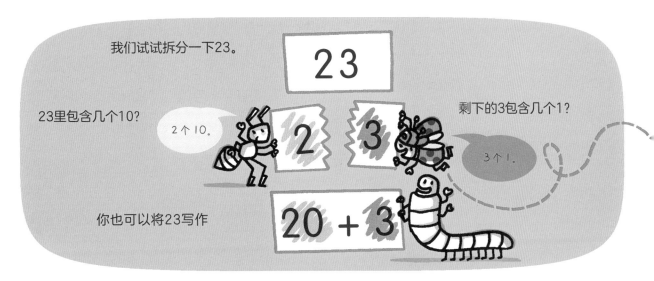

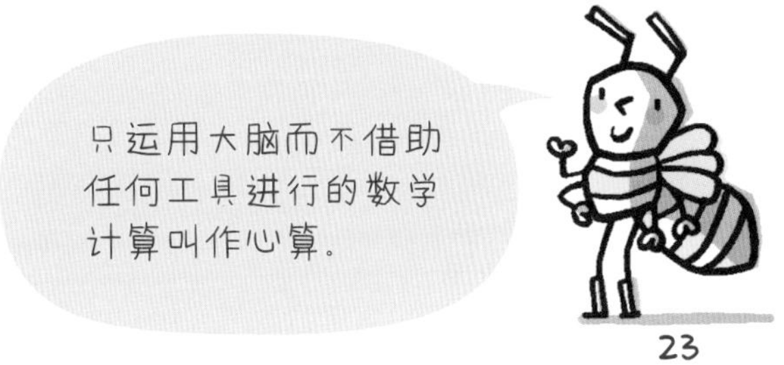

只运用大脑而不借助任何工具进行的数学计算叫作心算。

答案：43+14=57，68+11=79

你也可以利用数轴进行两位数的减法运算。

$$73-14=$$

首先将减数拆分成整十数和个位数。

这很简单！14可以拆分为1个10……
1
4
和4个1。

然后将被减数标在数轴的最右端，以此为起点倒着数。

先减去整十数，再减去个位数。

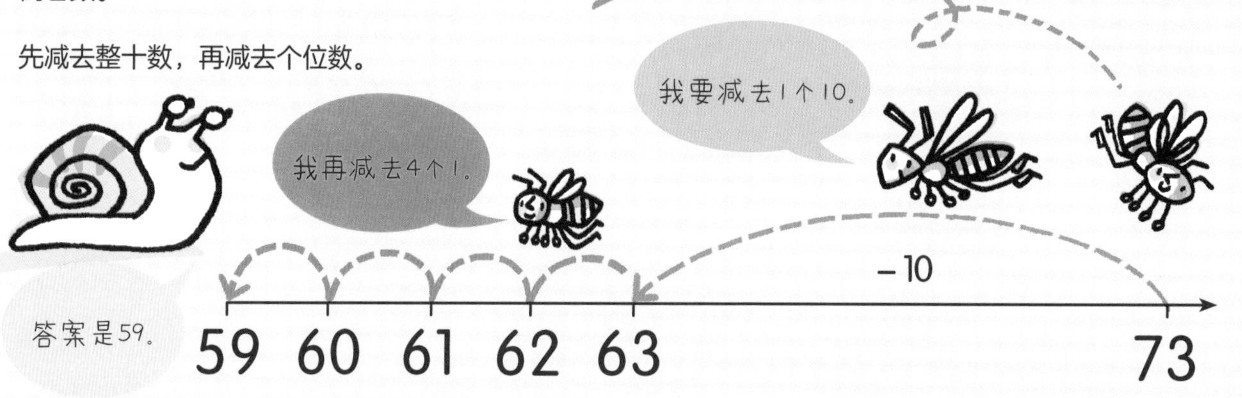
我要减去1个10。
我再减去4个1。
−10
答案是59。
59 60 61 62 63 73

在加法运算中，可以将两个加数分别拆分，再将整十数和个位数分别相加。

34可以拆分为30和4，12可以拆分为10和2。

$$34+12$$

$$\begin{array}{r} 30 \quad 4 \\ +\ 10 \quad 2 \\ \hline \end{array}$$

$$=40+6$$

$$=46$$

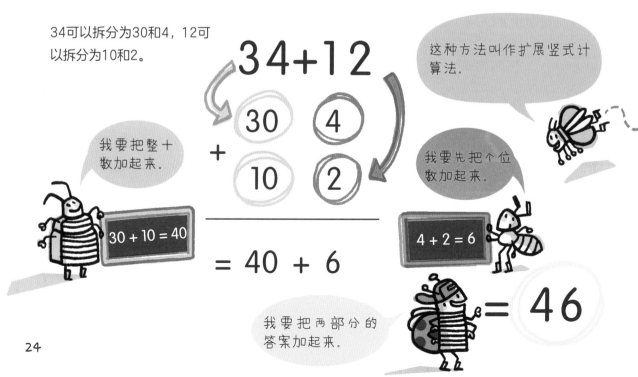

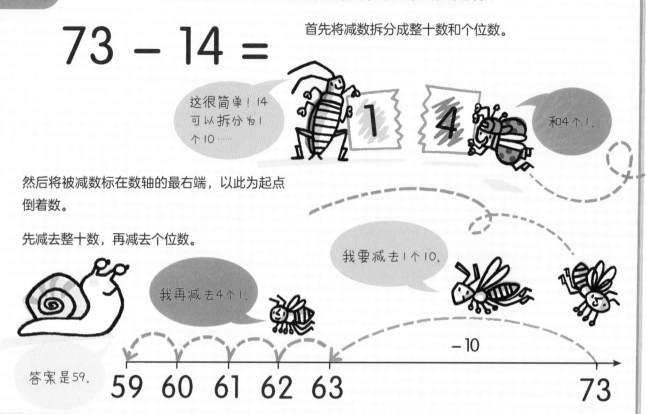

我要把整十数加起来。
30 + 10 = 40

这种方法叫作扩展竖式计算法。

我要先把个位数加起来。
4 + 2 = 6

我要把两部分的答案加起来。

你也可以用扩展竖式计算法进行减法运算。

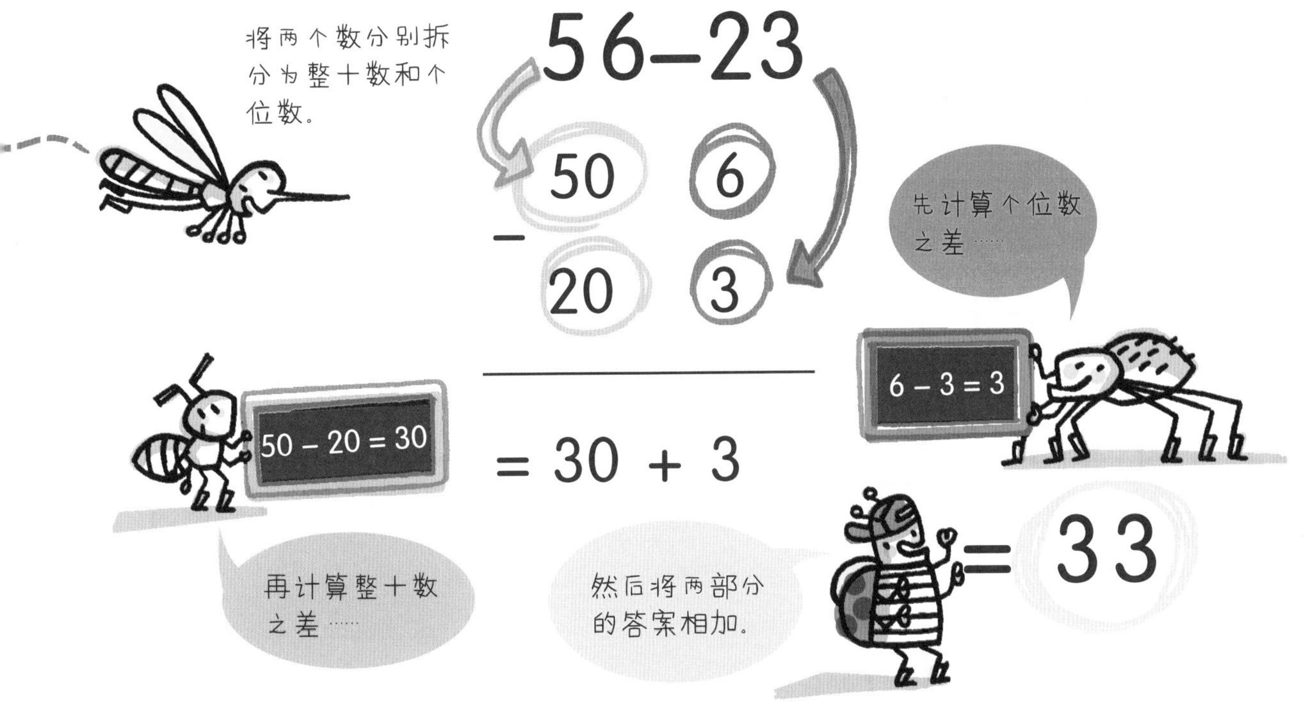
将两个数分别拆分为整十数和个位数。
56−23
50 6
− 20 3
先计算个位数之差……
6 − 3 = 3
50 − 20 = 30
= 30 + 3
再计算整十数之差……
然后将两部分的答案相加。
= 33

这两道加法、减法计算题也可以用以下方式表示。

将数字按数位排列，使个位数和十位数分别对齐。

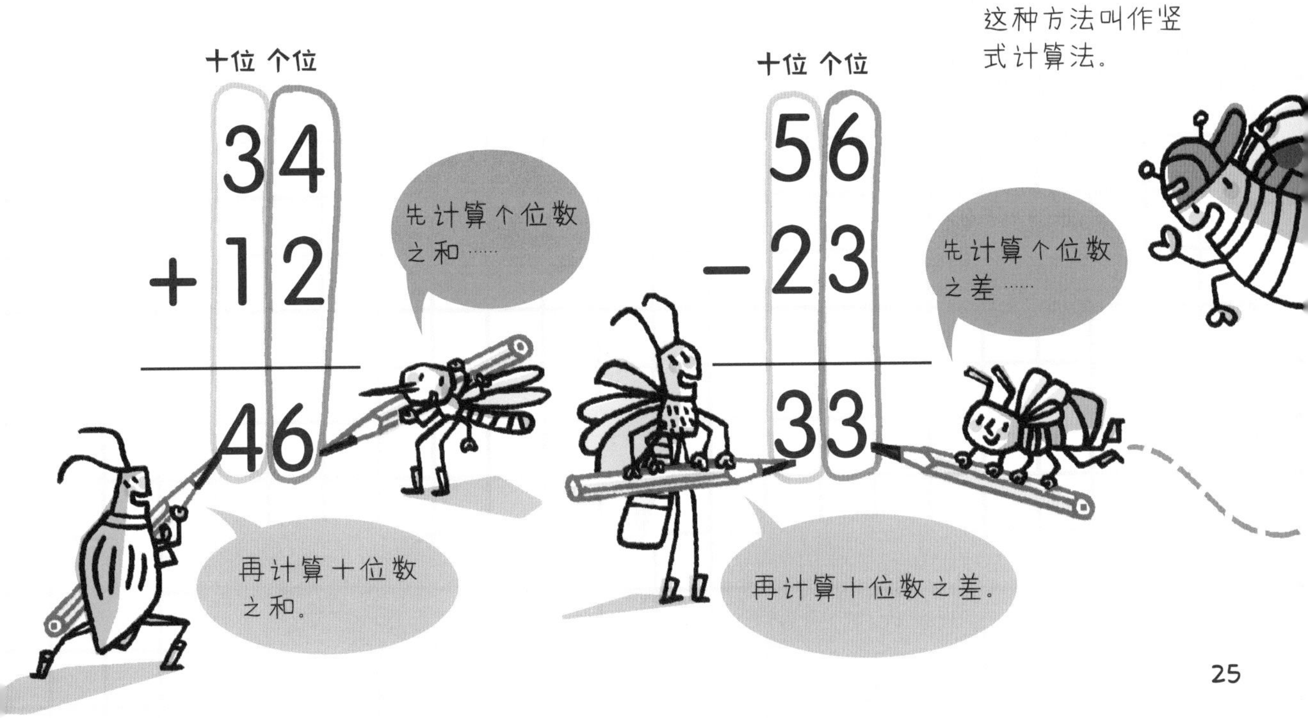
十位 个位
34
+12
46
先计算个位数之和……
再计算十位数之和。
这种方法叫作竖式计算法。
十位 个位
56
−23
33
先计算个位数之差……
再计算十位数之差。

+−

另一种辅助加减法运算的方法是利用百数格。

加一个10，就向下移1格。加一个1，就向右移1格。
做减法时则向相反方向移动（减十位数时向上移动，减个位数时向左移动）。

下面展示了如何用
百数格计算23+56。

+ 10 ↓　+ 1 ⇨

1	2	3	4	5	6	7	8	9	10
11	12	13	14	15	16	17	18	19	20
21	22	23	24	25	26	27	28	29	30
31	32	33	34	35	36	37	38	39	40
41	42	43	44	45	46	47	48	49	50
51	52	53	54	55	56	57	58	59	60
61	62	63	64	65	66	67	68	69	70
71	72	73	74	75	76	77	78	79	80
81	82	83	84	85	86	87	88	89	90
91	92	93	94	95	96	97	98	99	100

答案是79。

你能计算出下面这些算式吗？

A

5 + 4 =

B

2 + 8 =

C

20 − 3 =

D

300 − 200 =

E

72 − 0 =

F

40 + 11 =

G

55 + 34 =

H

88 − 43 =

答案：A.9，B.10，C.17，D.100，E.72，F.51，G.89，H.45

乘法和除法

乘法是求几个相同加数的和的简便运算。

这些叶子上一共有几只虫子?

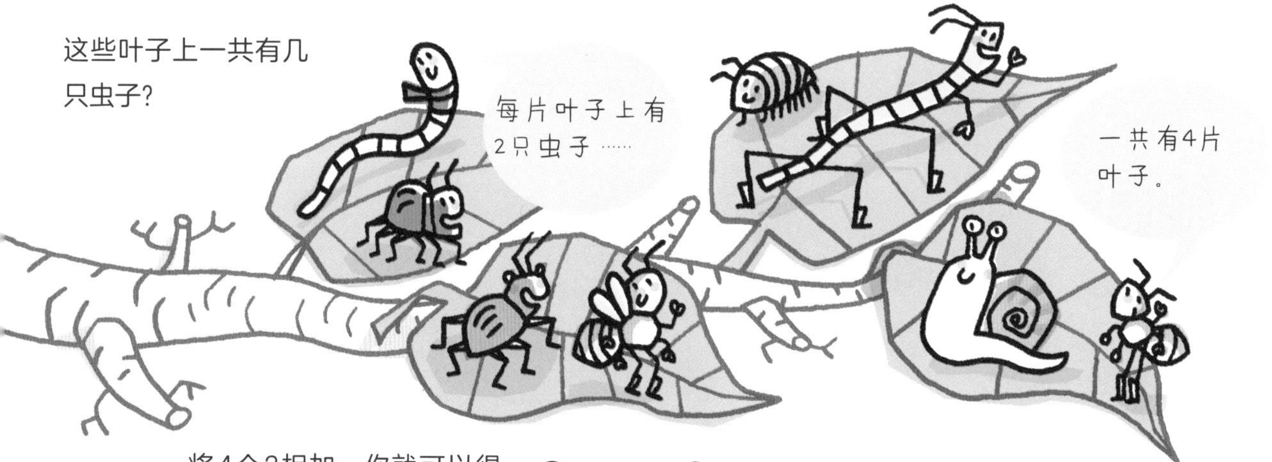

每片叶子上有2只虫子……
一共有4片叶子。

将4个2相加，你就可以得到答案。

$$2+2+2+2=8$$

你也可以用乘法来计算。

2乘4等于8。

$$2\times4=8$$

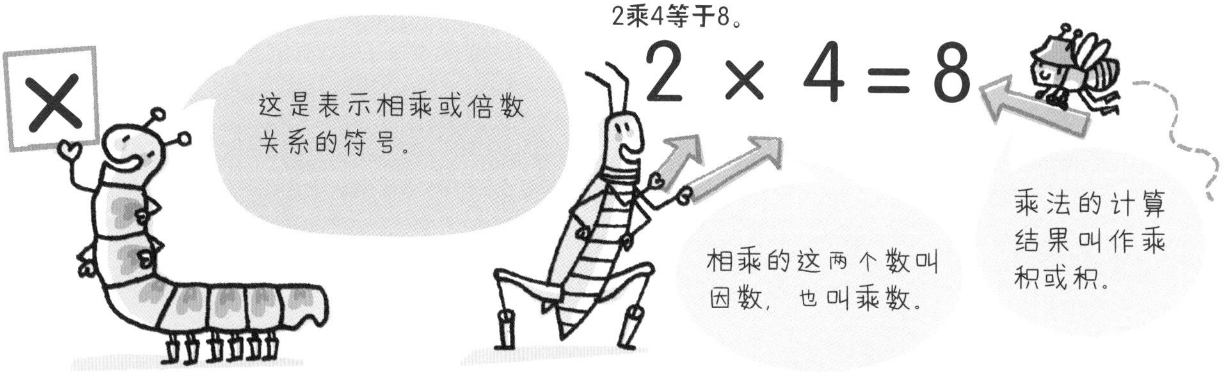

这是表示相乘或倍数关系的符号。
相乘的这两个数叫因数，也叫乘数。
乘法的计算结果叫作乘积或积。

当某一件物品的尺寸成倍增加时，它就变得更大。

毛毛虫织的围巾长度是蜘蛛织的围巾的2倍。

毛毛虫织了几道条纹?

我只织了4道条纹。
我已经织了8道条纹。

$$4\times2=8$$

4乘2等于8。

除法是从一个数中连续减几个相同的数的简便运算。
除法与乘法的思路正好相反，运用除法可以把一个数平均分成几份。

除法的一种形式是平均分。

除法的另一种形式是连续减去相同的数。

想要算出蜜蜂需要多少个花盆，要用8连续减去4，直到结果为0。

$$8-4-4=0$$

以上两个例子可以用除法表示为：

8除以4等于2。

$$8\div4=2$$

乘法中的两个因数可以交换位置，运算结果不变。

一共有多少个蛋糕？

每一行有4个蛋糕，一共有3行。
4 × 3 = 12
每一列有3个蛋糕，一共有4列。
3 × 4 = 12
1
2
3
1 2 3 4
两种计算方法的结果都是12。

除法中被除数和除数不能交换位置，但除数和商可以交换位置。

在每个盘子里放3个蛋糕，将12个蛋糕平均分，一共需要几个盘子？

将12个蛋糕平均放在4个盘子里，每个盘子里放几个蛋糕？

这一页的算术题使用了固定的3个数。

所有这些算式组成了一个乘法和除法的算式家庭。

$3 \times 4 = 12$　　$12 \div 4 = 3$

$4 \times 3 = 12$　　$12 \div 3 = 4$

除法是乘法的逆运算。

将6片叶子平均分给3只毛毛虫，每只毛毛虫可以分到2片叶子。

有3只毛毛虫，每只毛毛虫有2片叶子，一共有6片叶子。

将一个数乘或者除以1，都会得到原数。

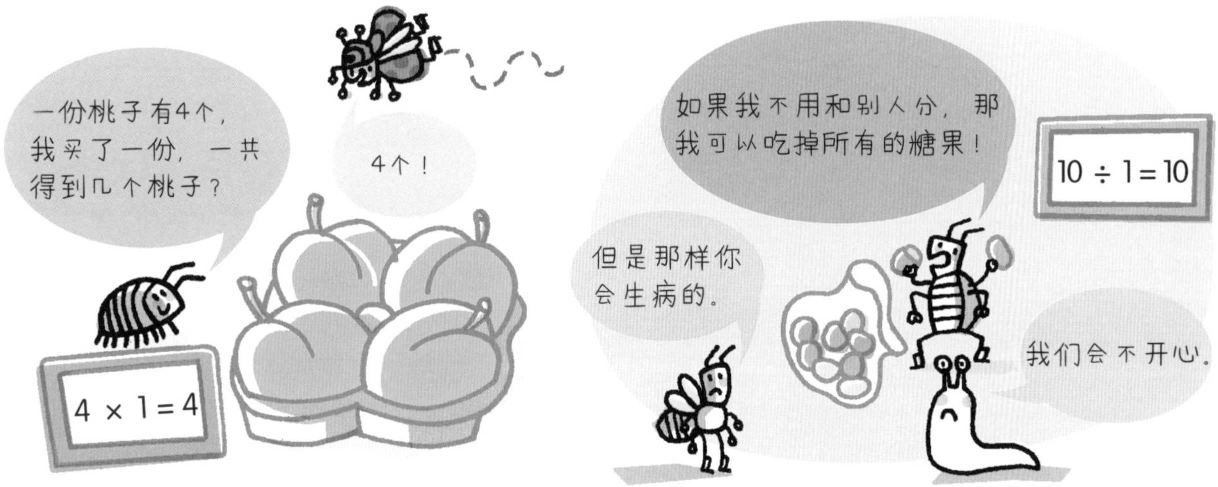

一份桃子有4个，我买了一份，一共得到几个桃子？
4个！
4 × 1 = 4
如果我不用和别人分，那我可以吃掉所有的糖果！
10 ÷ 1 = 10
但是那样你会生病的。
我们会不开心。

任何数乘0，都得0。

不要尝试将一个数除以0，这没意义。

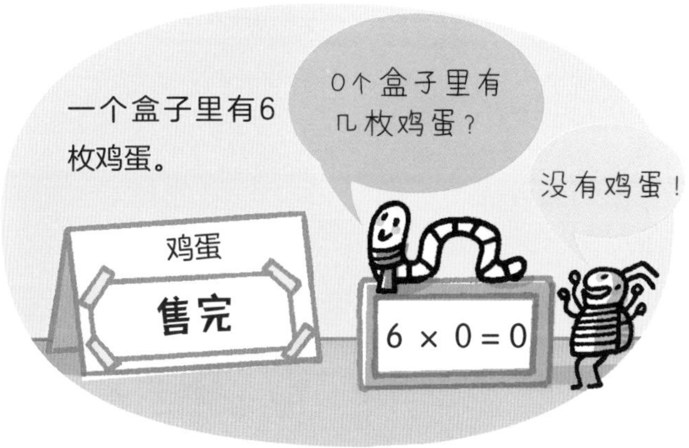

一个盒子里有6枚鸡蛋。
0个盒子里有几枚鸡蛋？
没有鸡蛋！
鸡蛋
售完
6 × 0 = 0

这里没人来分椰子，所以这里的椰子不能被分享！

你可以利用数轴进行乘法运算。

在数轴上每跳一下可以加上5。

要计算5 × 2，需要沿数轴跳2次。

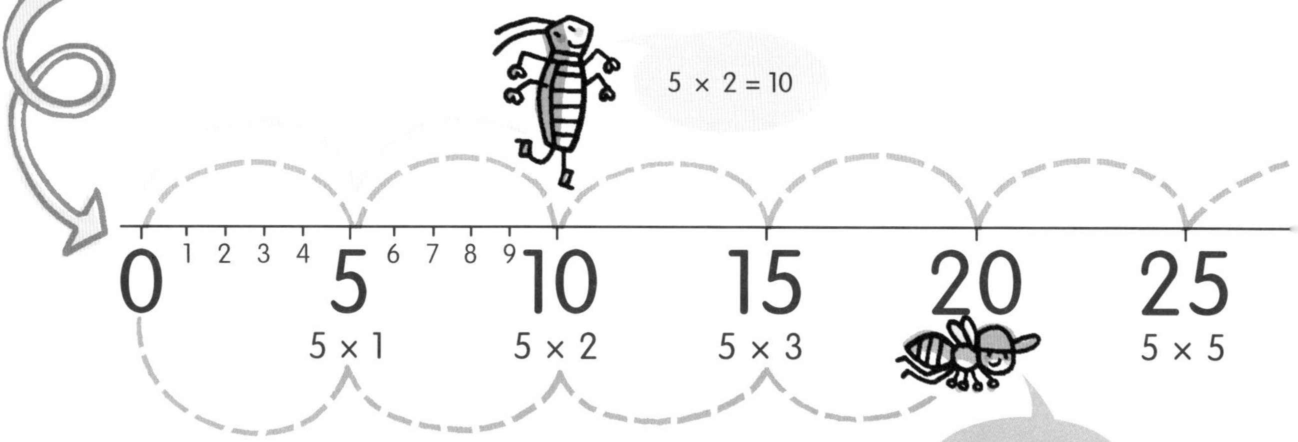

要计算5 × 4，需要沿数轴跳4次。

5 × 4 = 20

让我们用数轴来解决下面这个问题。

我每天吃5块果蔬。

毛毛虫一周要吃几块果蔬?

一周有7天。

5乘7等于35。

试着计算这些题。 A $5 \times 10 =$ ☆　B $5 \times 5 =$ ☆

你也可以用同一条数轴进行除法运算。

例如，要计算35 ÷ 5，需要算出35中包含多少个5。

你可以看看如果每跳一次是5，跳多少次可以到35。

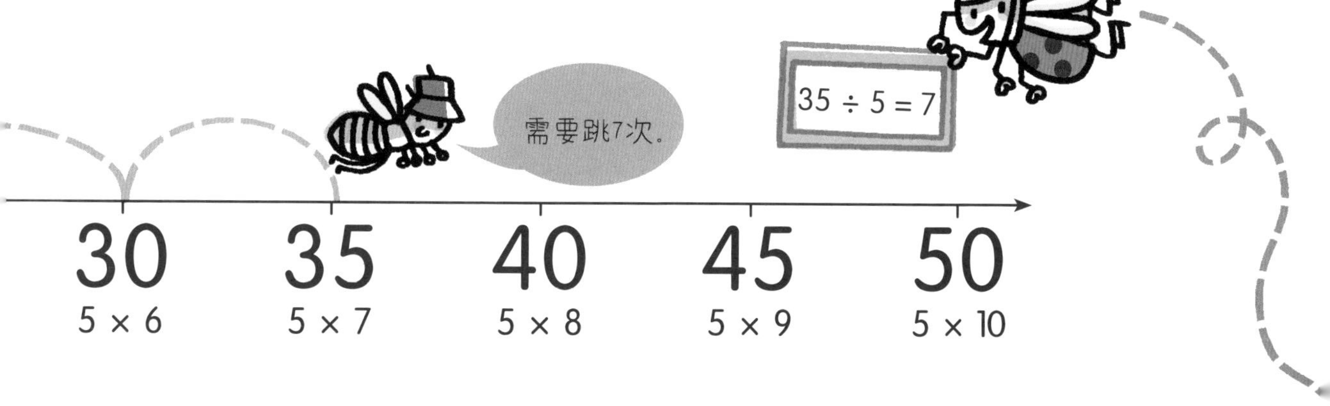

毛毛虫有45块果蔬。如果它每天吃5块，多少天可以吃完？

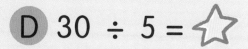

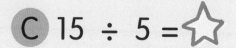

我们看看数轴。
45就是5 × 9。
所以这些果蔬毛毛虫可以吃9天。
这个问题怎样用除法算式来表达？
45 ÷ 5 = 9

C 15 ÷ 5 = ☆　　**D** 30 ÷ 5 = ☆

答案：A.50，B.25，C.3，D.6

将一个数乘2，则这个数的值加倍。

一包里有6颗种子。

两包里有几颗种子？

6 × 2 = 12
数量多了1倍！

是原来的2倍！

将一个数除以2，则这个数的值减半。

这份食谱需要4个鸡蛋。

我们只做半份，需要多少个鸡蛋？

× 4
4 ÷ 2 = 2
4个鸡蛋的一半。
减半和加倍的含义是相反的。

下面是有关偶数和奇数加倍和减半的一些性质。

所有偶数都可以减半。

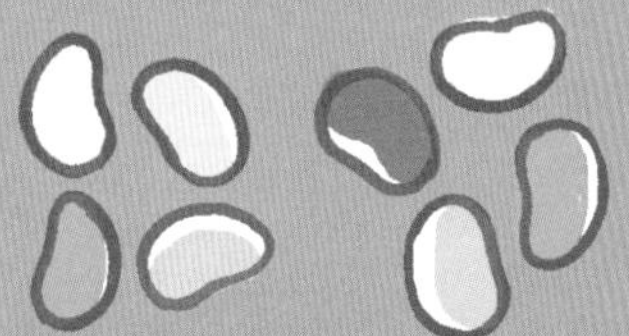

也就是说，任何偶数都可以被2整除。

奇数个物品不能被平均分成两份……

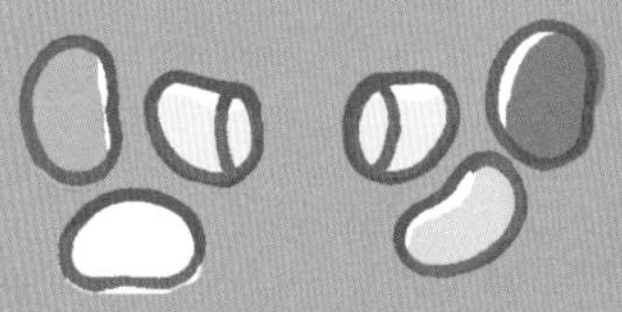

除非其中一个被平均分成两半。

将奇数加倍……

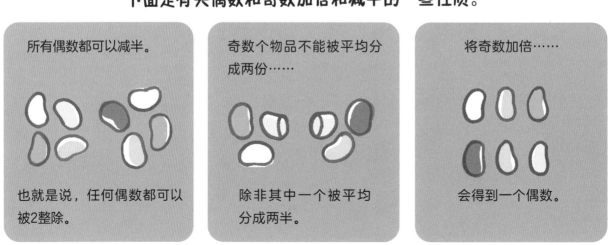

会得到一个偶数。

乘法表是由一组组非常有规律的乘法算式组成的。

这是2的乘法表。

你也可以交换因数的位置。

$3 \times 2 = 6$ ↔ $2 \times 3 = 6$

$4 \times 2 = 8$ ↔ $2 \times 4 = 8$

因数　乘积

$2 \times 1 = 2$

$2 \times 2 = 4$

$2 \times 3 = 6$

$2 \times 4 = 8$

$2 \times 5 = 10$

$2 \times 6 = 12$

$2 \times 7 = 14$

$2 \times 8 = 16$

$2 \times 9 = 18$

$2 \times 10 = 20$

$2 \times 11 = 22$

$2 \times 12 = 24$

每个乘积都比前一个乘积多2。

2的乘法表里所有的乘积都是偶数。

乘法表可以帮助我们进行乘法和除法运算。

18除以2等于几？

我们看看2乘几等于18。

答案是9。

有一些口诀可以帮你记住2的乘法表。

一二得二，二二得四……

或者简单地记为

2，4，6，8……

熟记乘法表有助于快速解决许多数学问题。

9辆自行车有几个车轮？

22只袜子是多少双？

答案：18个车轮；11双袜子

我们来看一下5的乘法表。

你能看出其中的规律吗？

5 ×

5 × 1 = 5
5 × 2 = 10
5 × 3 = 15
5 × 4 = 20
5 × 5 = 25
5 × 6 = 30
5 × 7 = 35
5 × 8 = 40
5 × 9 = 45
5 × 10 = 50
5 × 11 = 55
5 × 12 = 60

各个乘积的个位呈现5，0，5，0……间隔出现的规律。

每个乘积都比前一个乘积多5……

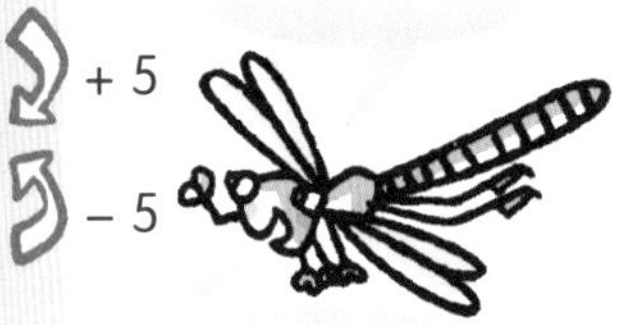

比后一个乘积少5。

如果一串香蕉有5根，那么6串香蕉有多少根？

试着用手指五个五个地数数。

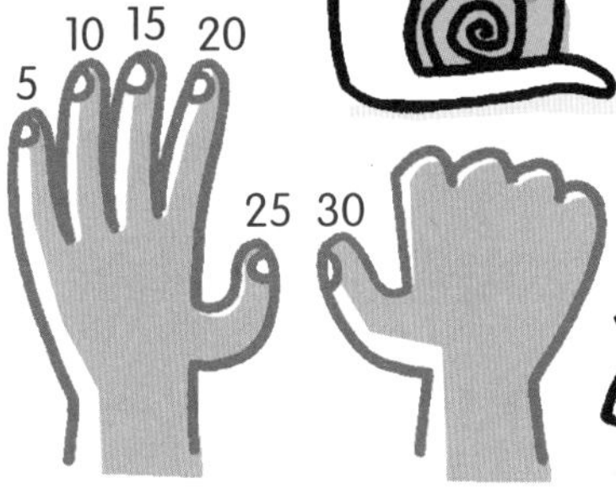

一共有30根香蕉！

可以在第38-39页找到1到12所有数的乘法表哟。

钟面上有12个大格，每个大格被分为5小格。

5乘12等于多少？我要看看5的乘法表。

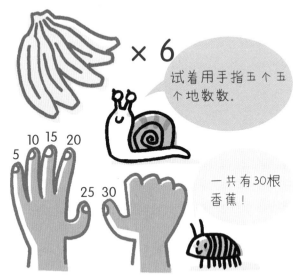

我正在五个五个地数数。

A 蜜蜂落在7上面时，它数到了多少？

B 蜜蜂数到50时，它将落在钟面的哪个位置？

翻到第59页，学习认识时间。

答案：A.35. B.在数字10的位置

10的乘法表很容易记。

10 ×

10 × 1 = 10
10 × 2 = 20
10 × 3 = 30
10 × 4 = 40
10 × 5 = 50
10 × 6 = 60
10 × 7 = 70
10 × 8 = 80
10 × 9 = 90
10 × 10 = 100
10 × 11 = 110
10 × 12 = 120

一个数乘10，只需要在这个数后面加上0就可以。

让我们仔细看看发生了什么。

当你将一个个位数乘10，这个数就移到了十位上，你需要在个位上放一个0。

	十位	个位
	1	0
×		4
=	4	0

将一个两位数乘10，会发生什么？

	百位	十位	个位
		1	0
×		1	2
=	1	2	0

十位上的数会移到百位。

个位上的数移到十位。

个位上为0。

如果一个辅币为10分，瓢虫一共有多少分？

10 × 7 = 70

一包里有10枚贴纸。

我需要30枚贴纸。我需要多少包？

你需要3包！

在厘米尺上，每个1厘米被分成10个1毫米。

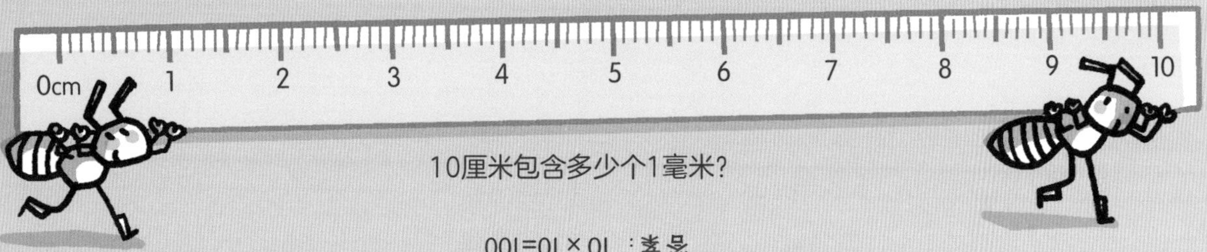

10厘米包含多少个1毫米？

答案：10 × 10=100

这是1到12所有数的乘法表。

试着牢牢地把它们记在脑海里。

1 ×

1 × 1 = 1
1 × 2 = 2
1 × 3 = 3
1 × 4 = 4
1 × 5 = 5
1 × 6 = 6
1 × 7 = 7
1 × 8 = 8
1 × 9 = 9
1 × 10 = 10
1 × 11 = 11
1 × 12 = 12

2 ×

2 × 1 = 2
2 × 2 = 4
2 × 3 = 6
2 × 4 = 8
2 × 5 = 10
2 × 6 = 12
2 × 7 = 14
2 × 8 = 16
2 × 9 = 18
2 × 10 = 20
2 × 11 = 22
2 × 12 = 24

3 ×

3 × 1 = 3
3 × 2 = 6
3 × 3 = 9
3 × 4 = 12
3 × 5 = 15
3 × 6 = 18
3 × 7 = 21
3 × 8 = 24
3 × 9 = 27
3 × 10 = 30
3 × 11 = 33
3 × 12 = 36

4的乘法表里的乘积是2的乘法表里乘积的2倍。

6的乘法表里的乘积是3的乘法表里乘积的2倍。

4 ×

4 × 1 = 4
4 × 2 = 8
4 × 3 = 12
4 × 4 = 16
4 × 5 = 20
4 × 6 = 24
4 × 7 = 28
4 × 8 = 32
4 × 9 = 36
4 × 10 = 40
4 × 11 = 44
4 × 12 = 48

5 ×

5 × 1 = 5
5 × 2 = 10
5 × 3 = 15
5 × 4 = 20
5 × 5 = 25
5 × 6 = 30
5 × 7 = 35
5 × 8 = 40
5 × 9 = 45
5 × 10 = 50
5 × 11 = 55
5 × 12 = 60

6 ×

6 × 1 = 6
6 × 2 = 12
6 × 3 = 18
6 × 4 = 24
6 × 5 = 30
6 × 6 = 36
6 × 7 = 42
6 × 8 = 48
6 × 9 = 54
6 × 10 = 60
6 × 11 = 66
6 × 12 = 72

找出规律，每次学一点儿，反复练习，你就能熟记乘法表。

8的乘法表里的乘积是4的乘法表里乘积的2倍。

你能看出9的乘法表有什么规律吗？

7 ×

7 × 1 = 7
7 × 2 = 14
7 × 3 = 21
7 × 4 = 28
7 × 5 = 35
7 × 6 = 42
7 × 7 = 49
7 × 8 = 56
7 × 9 = 63
7 × 10 = 70
7 × 11 = 77
7 × 12 = 84

8 ×

8 × 1 = 8
8 × 2 = 16
8 × 3 = 24
8 × 4 = 32
8 × 5 = 40
8 × 6 = 48
8 × 7 = 56
8 × 8 = 64
8 × 9 = 72
8 × 10 = 80
8 × 11 = 88
8 × 12 = 96

9 ×

9 × 1 = 9
9 × 2 = 18
9 × 3 = 27
9 × 4 = 36
9 × 5 = 45
9 × 6 = 54
9 × 7 = 63
9 × 8 = 72
9 × 9 = 81
9 × 10 = 90
9 × 11 = 99
9 × 12 = 108

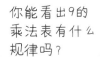

10的乘法表里的乘积是5的乘法表里乘积的2倍。

你能发现11的乘法表有什么规律吗？

12的乘法表里的乘积是6的乘法表里乘积的2倍。

10 ×

10 × 1 = 10
10 × 2 = 20
10 × 3 = 30
10 × 4 = 40
10 × 5 = 50
10 × 6 = 60
10 × 7 = 70
10 × 8 = 80
10 × 9 = 90
10 × 10 = 100
10 × 11 = 110
10 × 12 = 120

11 ×

11 × 1 = 11
11 × 2 = 22
11 × 3 = 33
11 × 4 = 44
11 × 5 = 55
11 × 6 = 66
11 × 7 = 77
11 × 8 = 88
11 × 9 = 99
11 × 10 = 110
11 × 11 = 121
11 × 12 = 132

12 ×

12 × 1 = 12
12 × 2 = 24
12 × 3 = 36
12 × 4 = 48
12 × 5 = 60
12 × 6 = 72
12 × 7 = 84
12 × 8 = 96
12 × 9 = 108
12 × 10 = 120
12 × 11 = 132
12 × 12 = 144

1到12的乘法表可以排列成一个网格，叫作乘法方阵。

沿第一行选择一个因数，沿左边第一列选择另一个因数。

从所选的两个因数的位置分别向下和向右移动，相交处的数就是乘积。

×	1	2	3	4	5	6	7	8	9	10	11	12
1	1	2	3	4	5	6	7	8	9	10	11	12
2	2	4	6	8	10	12	14	16	18	20	22	24
3	3	6	9	12	15	18	21	24	27	30	33	36
4	4	8	12	16	20	24	28	32	36	40	44	48
5	5	10	15	20	25	30	35	40	45	50	55	60
6	6	12	18	24	30	36	42	48	54	60	66	72
7	7	14	21	28	35	42	49	56	63	70	77	84
8	8	16	24	32	40	48	56	64	72	80	88	96
9	9	18	27	36	45	54	63	72	81	90	99	108
10	10	20	30	40	50	60	70	80	90	100	110	120
11	11	22	33	44	55	66	77	88	99	110	121	132
12	12	24	36	48	60	72	84	96	108	120	132	144

$7 \times 8 = 56$

你也可以利用乘法方阵进行除法运算。

$63 \div 9 = ☆$

沿着9所在的列向下移动，直到63。

然后向左移动到这一行的尽头，对应的数就是答案。

尝试计算下面的乘法和除法。

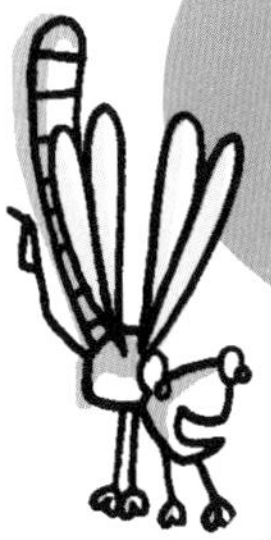

A

$6 \times ☆ = 54$

B

$132 \div 11 = ☆$

C

$☆ \div 4 = 9$

D

一个松饼托盘可以放12个松饼。

我要放144个松饼，需要多少个托盘？

如果你喜欢挑战，下面有几个更复杂的问题。

E

橙子有“买三送一”的活动，鼻涕虫想要12个橙子。

我需要付几个橙子的钱？

F

甲虫想到的数是多少？

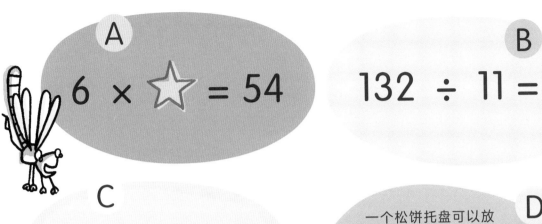

这个数在20到25之间，它是一个奇数，可以被3整除。

答案：A.6×9=54，B.132÷11=12，C.36÷4=9，D.12个托盘，E.9个橙子，F.21

分数

分数表示整体的一部分。
将整体分成相等的若干份，可以得到分数。

如果将一个整体分成相等的两份，每一份是二分之一。

如果将一个整体分成相等的三份，每一份是三分之一。

如果将一个整体分成相等的四份，每一份是四分之一。

你可以用分数表示图形的一部分……

圆形的四分之一。

长度的一部分……

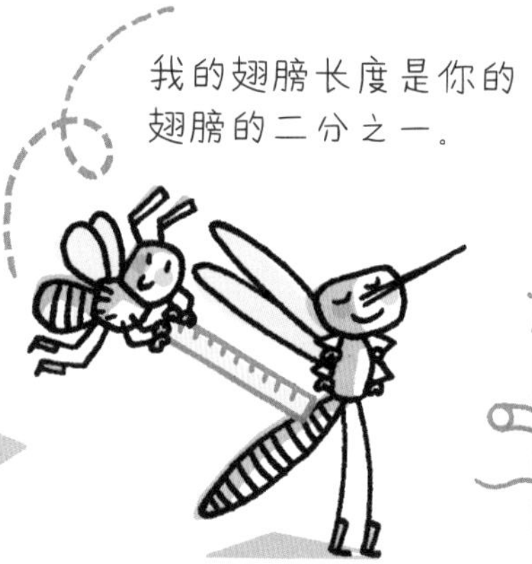

我的翅膀长度是你的翅膀的二分之一。

以及群体的一部分。

我们当中的三分之一在船上。

你能看出下面表示的部分占整体的多少吗？

你可以用数学符号表示分数。

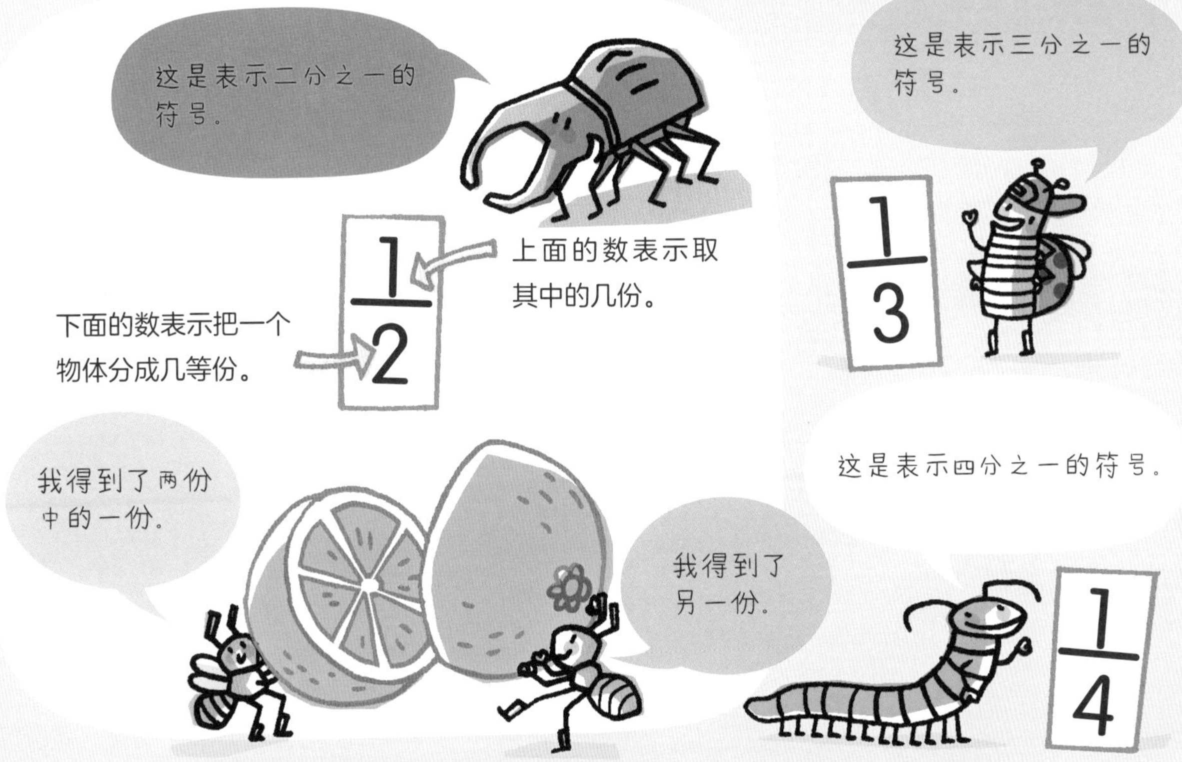

这是表示二分之一的符号。
1/2
上面的数表示取其中的几份。
下面的数表示把一个物体分成几等份。
这是表示三分之一的符号。
1/3
我得到了两份中的一份。
我得到了另一份。
这是表示四分之一的符号。
1/4

每个图形涂颜色的部分表示图形的几分之几?

哪根黄瓜被分成了两等份?

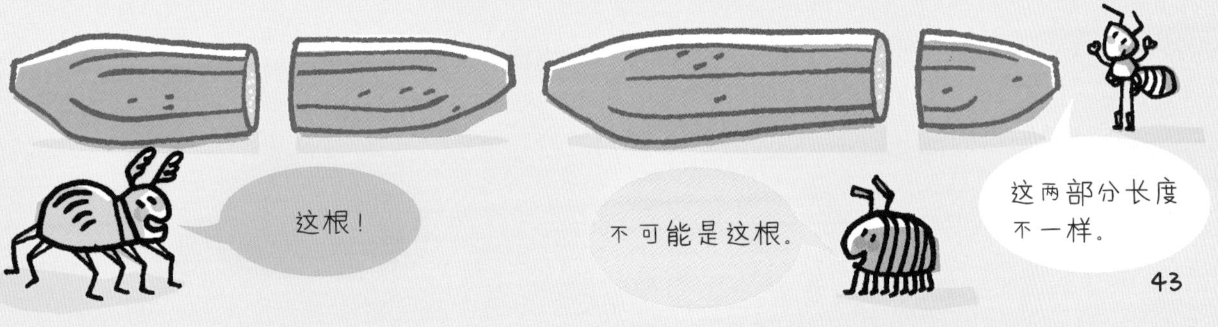

这根!
不可能是这根。
这两部分长度不一样。

要得到一个数的一部分，需要将这个数分成更小的等份。

要得到一个数的二分之一，需要将这个数分成两等份。

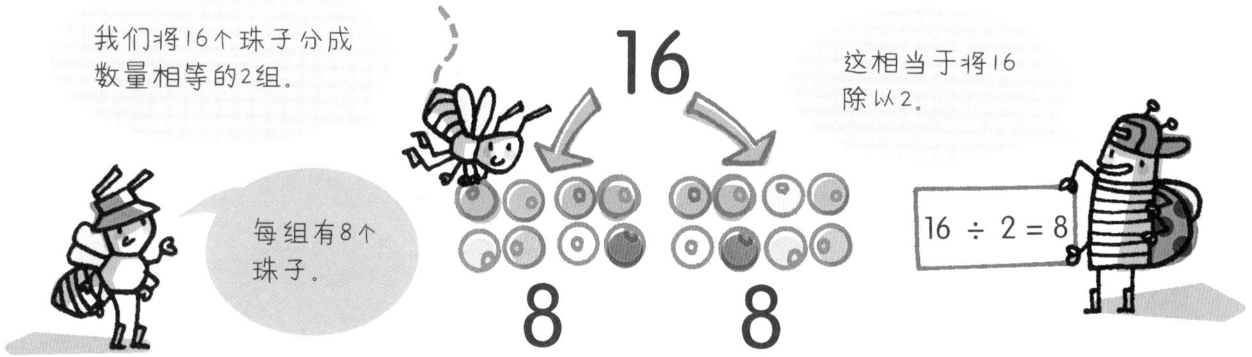

我们将16个珠子分成数量相等的2组。
16
8
8
每组有8个珠子。
这相当于将16除以2。
16 ÷ 2 = 8

要得到一个数的四分之一，需要将这个数分成四等份。

你也可以先将这个数分成两等份，再将每一份分为两等份。

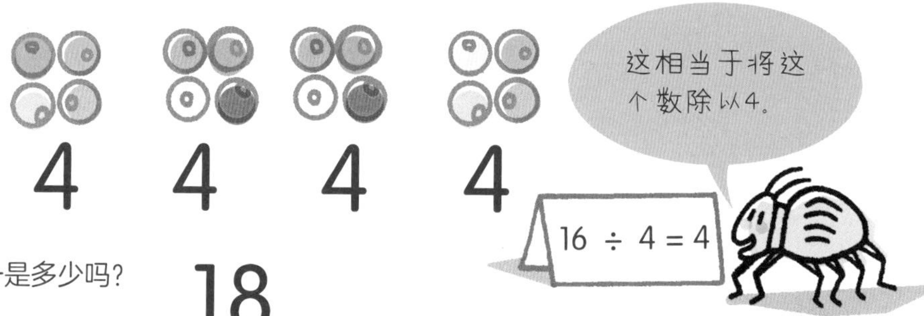

你能算出18的三分之一是多少吗？

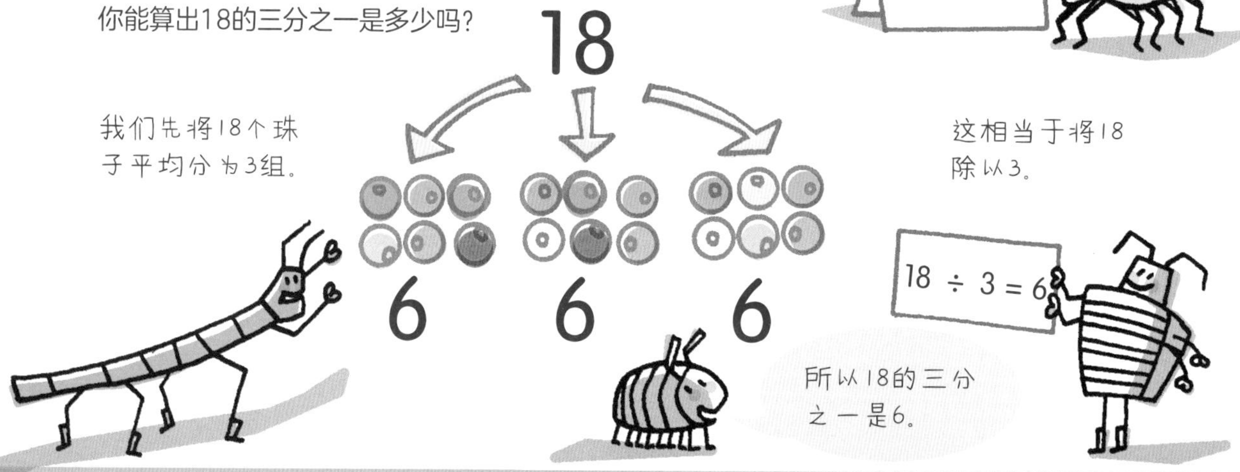

你能解出下面这些分数题吗？

A

30的二分之一 = 

B 一袋里有40粒爆米花。

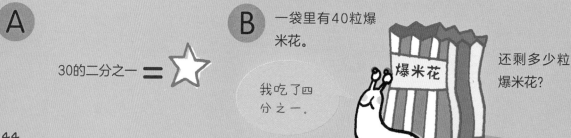

爆米花
我吃了四分之一。

还剩多少粒爆米花？

将一个整体分成几等份，你可以得到其中的一份，也可以得到很多份。

这个馅饼被分成了3等份。
我得到了其中2份。

蜜蜂得到了三分之二的馅饼，你可以用这样的符号表示。

这面旗的四分之二涂上了颜色，这个比例用数学符号怎样表示？

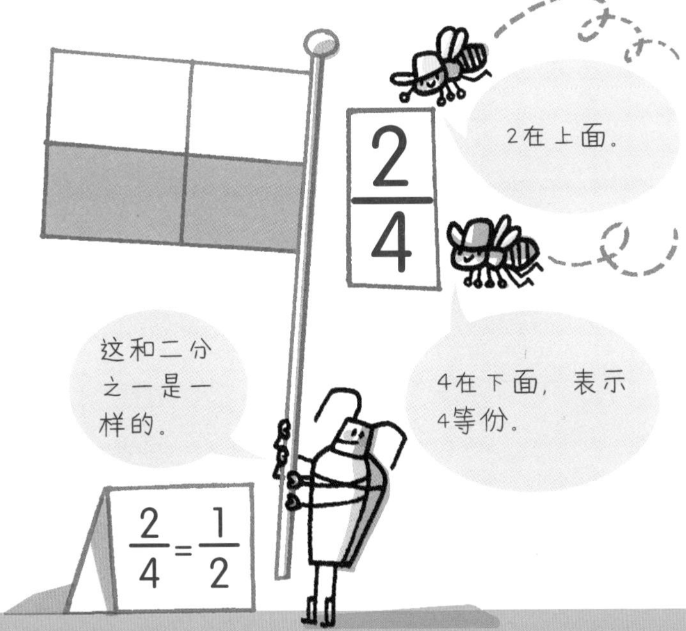

2/4
2在上面。
4在下面，表示4等份。
这和二分之一是一样的。
2/4 = 1/2

墙面涂了多少了？

C 小虫们吃了几分之几馅饼？

D 蜗牛发出了 $\frac{2}{3}$ 的牌。

我还有2张牌。

蜗牛原来有几张牌？

答案：A.15，B.30，C.$\frac{3}{4}$，D.6

测量

你可以通过测量来了解物体的大小或数量。

下面是一些你可以进行的测量。

长度

这件衣服的袖子有多长？

高度

cm
我多高？

长度、高度和宽度表示的都是距离。

宽度

门口有多宽？
这张桌子能通过吗？

温度

℃
今天有多热？

容积

容积是指物体内部空间的大小。

这个水壶能装多少水？

体积

体积是指物体所占空间的大小。

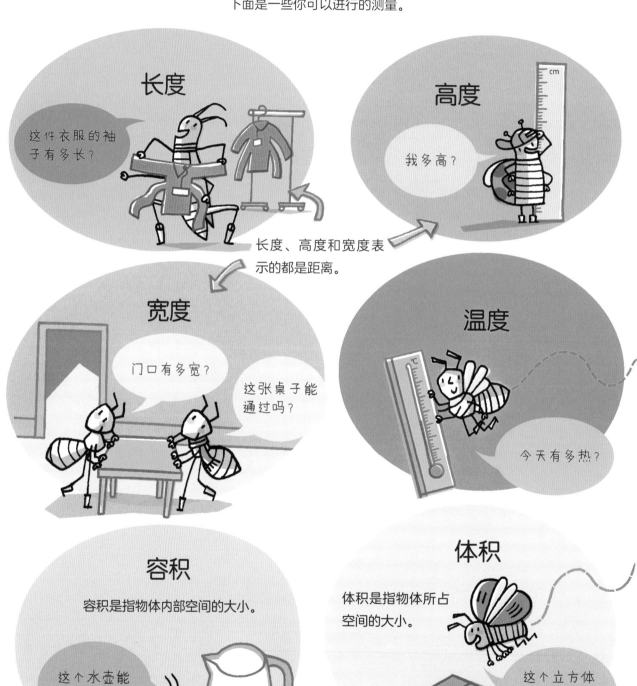

这个立方体由几块积木组成？

周长

周长指绕物体边缘一周的长度。

面积

面积指平面或物体表面的大小。

质量和重量

质量和重量都可以表示物体有多重。

质量指物体所含物质的多少。

重量指物体所受的地球引力的大小。

时间

你可以通过与其他物体进行比较来测量一个物体。

比较高度时，要确保所有物体的起始点在同一个水平面上。

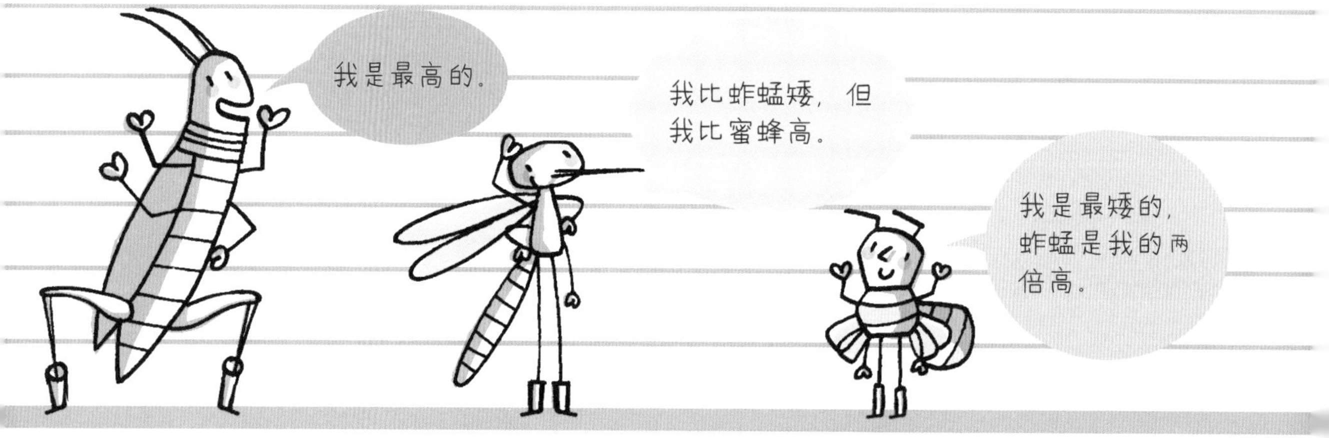

比较长度时，要确保所有物体的一端对齐。

在测量物体时，你也可以用数值和计量单位来表示。

你可以用各种计量单位来描述物体。

但如果你使用的计量单位和其他人的不统一，就会出错。

为避免出现混乱，人们使用全球通用的标准计量单位来计量。

标准计量单位举例

厘米（cm）：计量长度

克（g）：计量质量

毫升（ml）：计量容积

使用标准计量单位计量物体，你需要用到不同的工具或设备。

这些测量工具上面的小标记和数值叫作刻度。

每个刻度都是从0开始，然后以标准单位增加。

测量物体的长度、高度和宽度时，测量的是从物体一端到另一端的距离。

下面展示了如何测量一个盒子的尺寸。

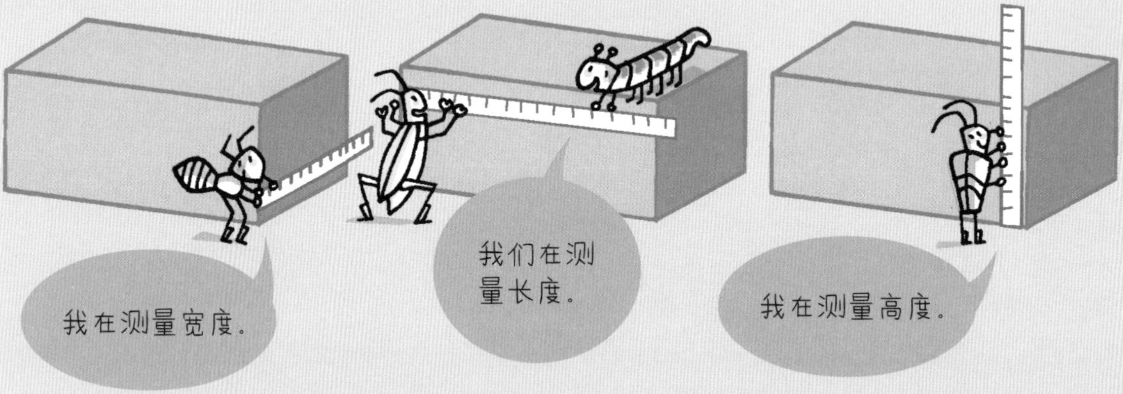

我在测量宽度。
我们在测量长度。
我在测量高度。

每次测量时，将尺子与盒子边缘对齐，确保刻度0位于起始位置。

在尺子到达盒子另一端的位置读取数值。

利用本页左侧的尺子测量你身边的一些物体。

这些数值表示长度，计量单位是厘米。

如果尺子上的数值或刻度线不能与你测量的物体完全对齐，可以选择最接近的数值或刻度线。

这些短线表示毫米。
1厘米等于10毫米。

测量时要确保从刻度0开始。

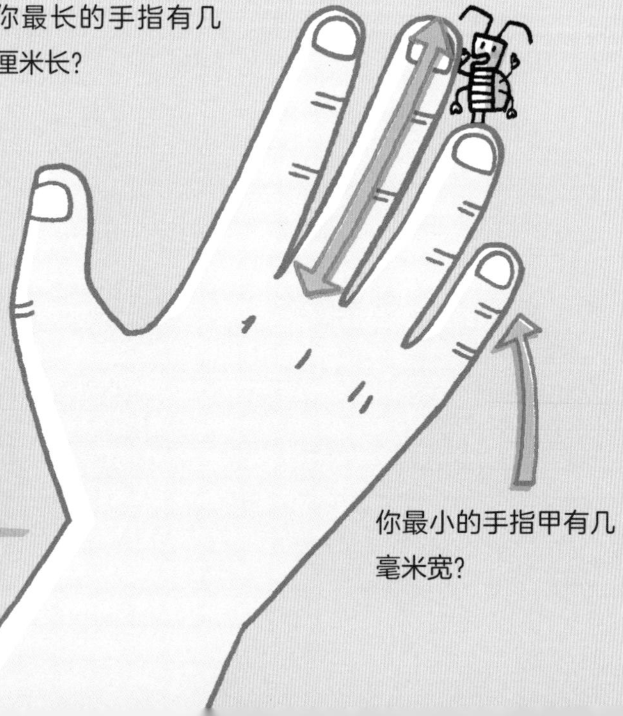

你最长的手指有几厘米长?

你最小的手指甲有几毫米宽?

你既可以测量很短的距离，也可以测量很长的距离，比如：

测量微小的物体时可以以毫米（mm）为单位。

测量较小的物体时可以以厘米（cm）为单位。

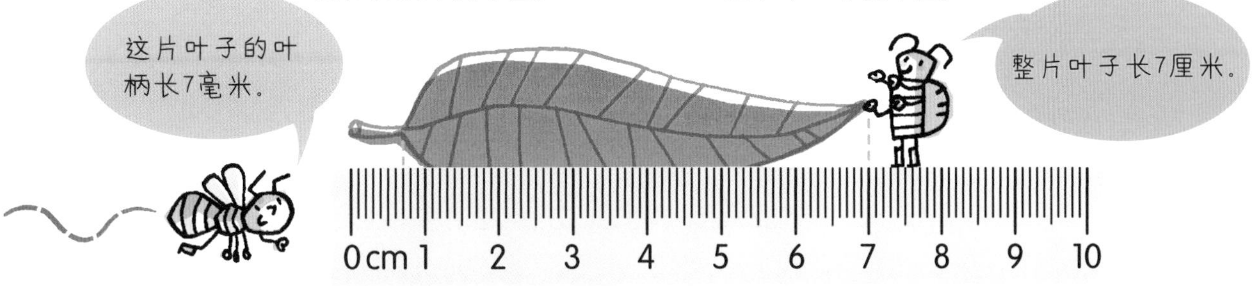

测量更长的距离时可以以米（m）为单位。

测量非常长的距离时可以以千米（km）为单位。

测量下面这些距离时你会使用哪种计量单位？

答案：A.米，B.千米，C.毫米

环绕物体边缘一周的长度叫作周长。

要计算一个图形的周长，你可以测量它每个边的长度，然后把各个边长相加。

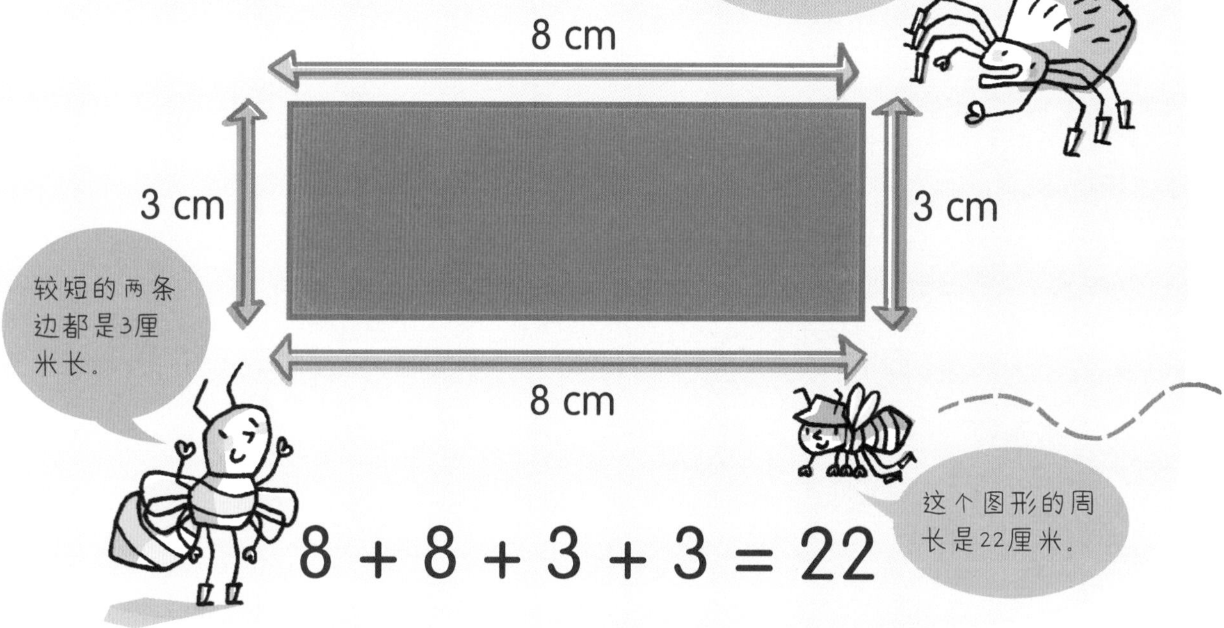

较长的两条边都是8厘米长。
8 cm
3 cm
3 cm
较短的两条边都是3厘米长。
8 cm
这个图形的周长是22厘米。

$$8 + 8 + 3 + 3 = 22$$

蚱蜢跳了多远?

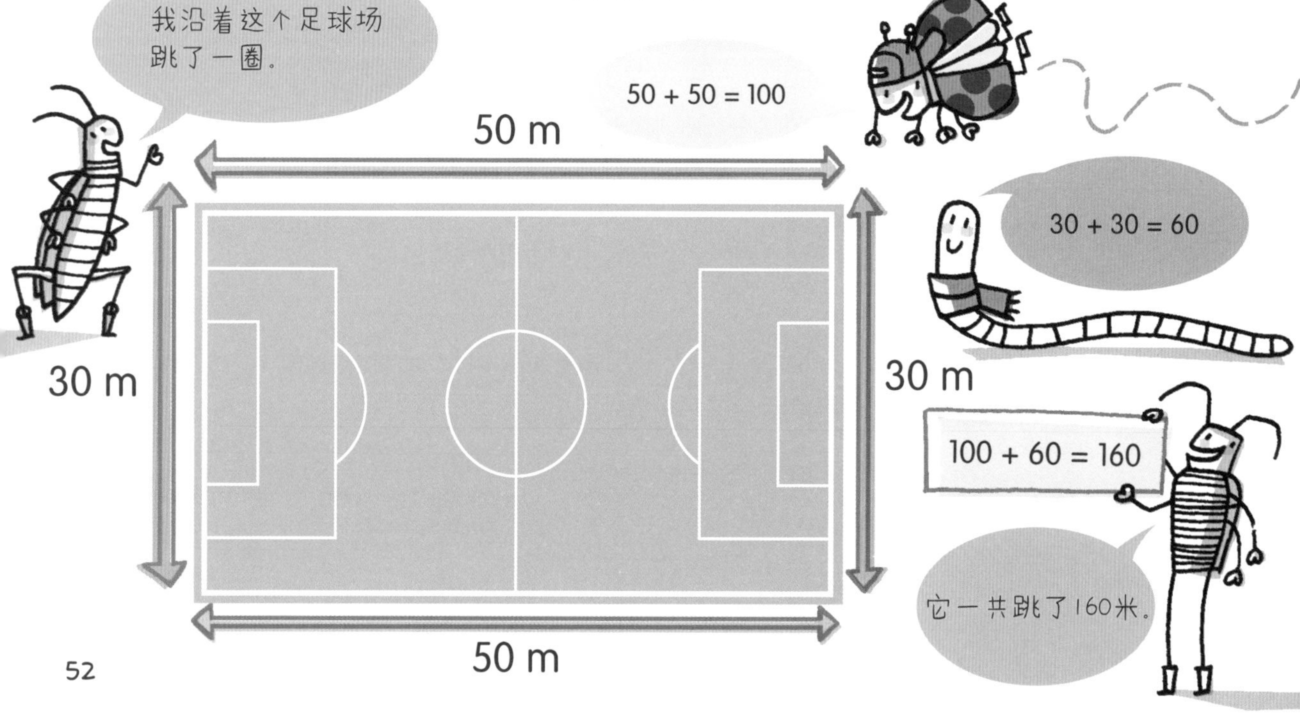

一个平面图形的大小叫作面积。

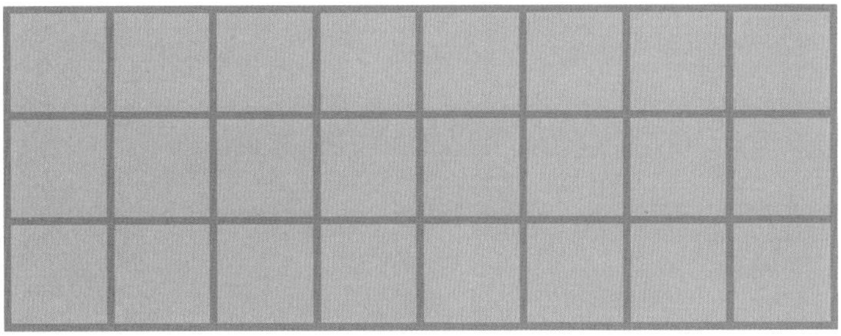

这个图形由很多个正方形组成，要计算它的面积，你可以先数一下正方形的个数。

一共有24个正方形。

你可以用乘法计算这个图形的面积。

一共有3行，每行有8个正方形。

$$3 \times 8 = 24$$

数一数每个图形中包含多少个正方形，并比较这些图形面积的大小。

哪个图形的面积最大？

哪个图形的面积最小？

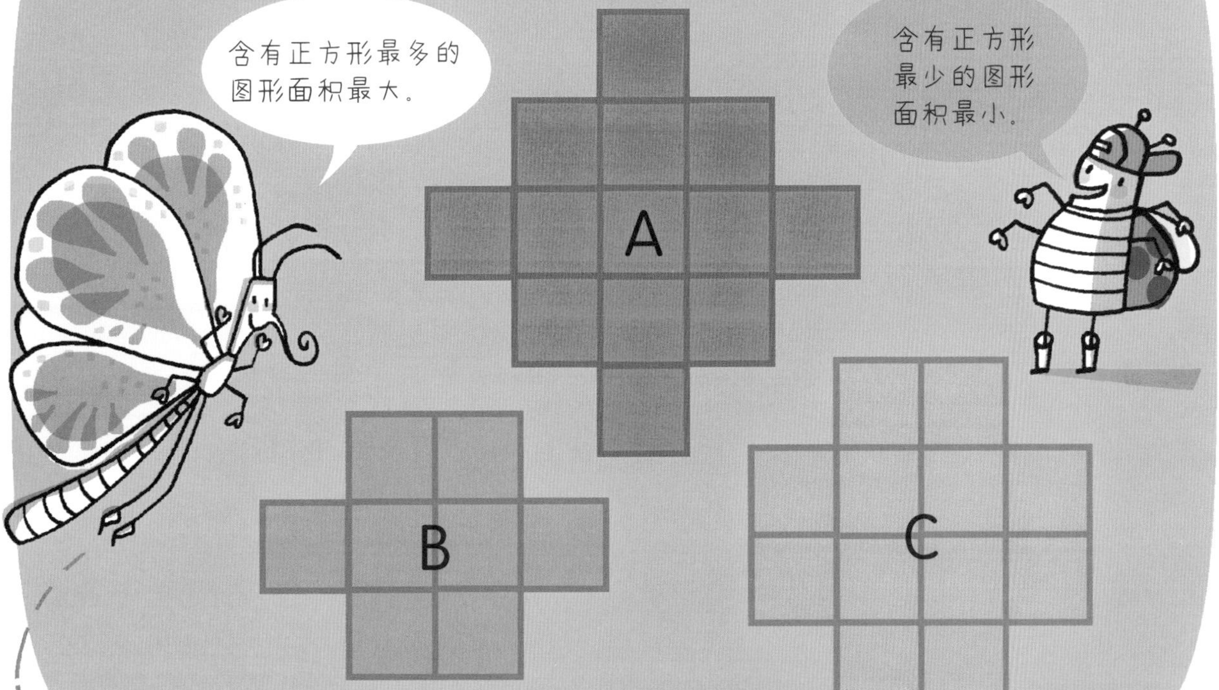

含有正方形最多的图形面积最大。
含有正方形最少的图形面积最小。
A
B
C

答案：图形A的面积最大，图形B的面积最小

通过称量，你可以知道物体有多重。

猜一猜这些物体中哪个最重。

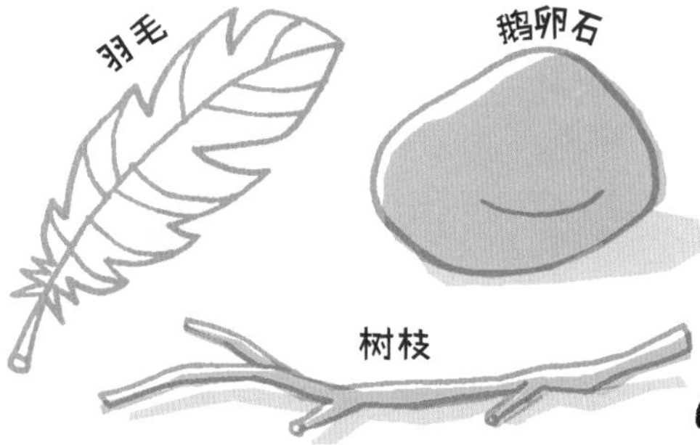

哪个最轻？

同样的物体，数量越多，重量越重。

我们这边有更多的小虫，所以把跷跷板这一端压下来了。

但较大的物体不一定比较小的物体重。

这取决于物体的材质以及它们的填充物。

一小听豆子罐头比一个大沙滩排球要重。

罐头的质量更大。

我应该用哪个词，质量还是重量？

在日常生活中，人们用重量代替质量，这样表述没问题。但在数学和科学领域，正确的术语是质量。

计量质量的单位有克（g）和千克（kg）。

我们用克来计量较轻的物体……

1千克等于1 000克。
80 g

用千克计量较重的物体。

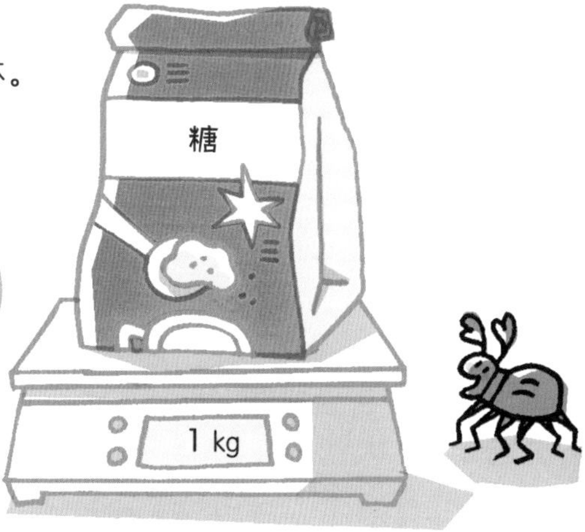

对物体的质量先有大概的判断对测量会很有帮助。

这些物体分别重约1克。
10

这些物体分别重约1千克。

1千克羽毛和1千克石块，哪个更重？

测量下面的物体，你会用克还是千克作为计量单位？

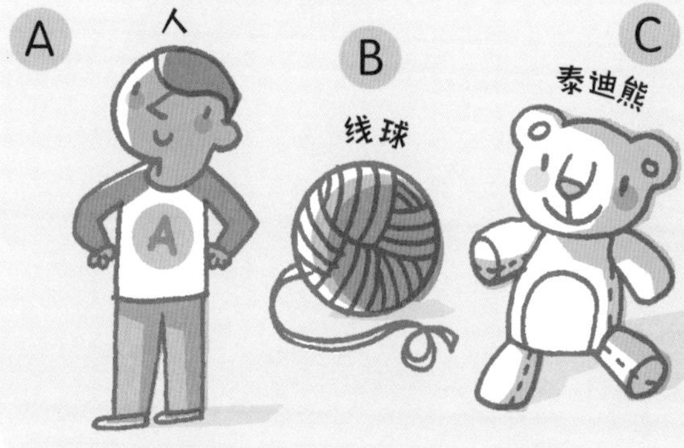

答案：A千克，B克，C克

容积是指一个物体内部空间的大小。

哪个容器能装更多的茶水？
茶壶
茶杯
茶壶能装更多的茶水。茶壶的容积比茶杯大。

哪个池子的容积更小？
游泳池
充气戏水池
充气戏水池的容积更小，它可以容纳的水较少。

下面的容器使用了多少容积？
罐子被装满，用掉了所有容积。
现在罐子装了一半。
也可以说还有一半空着。
现在罐子空了，它的容积没有被使用。

你可以用方糖来测量容积。

数一数方糖的数量，计算出每个盒子的容积。

这个盒子里有4块方糖。
这个盒子里有6块方糖。

如果测量液体的体积，你可以以毫升（ml）或升（l）为单位。

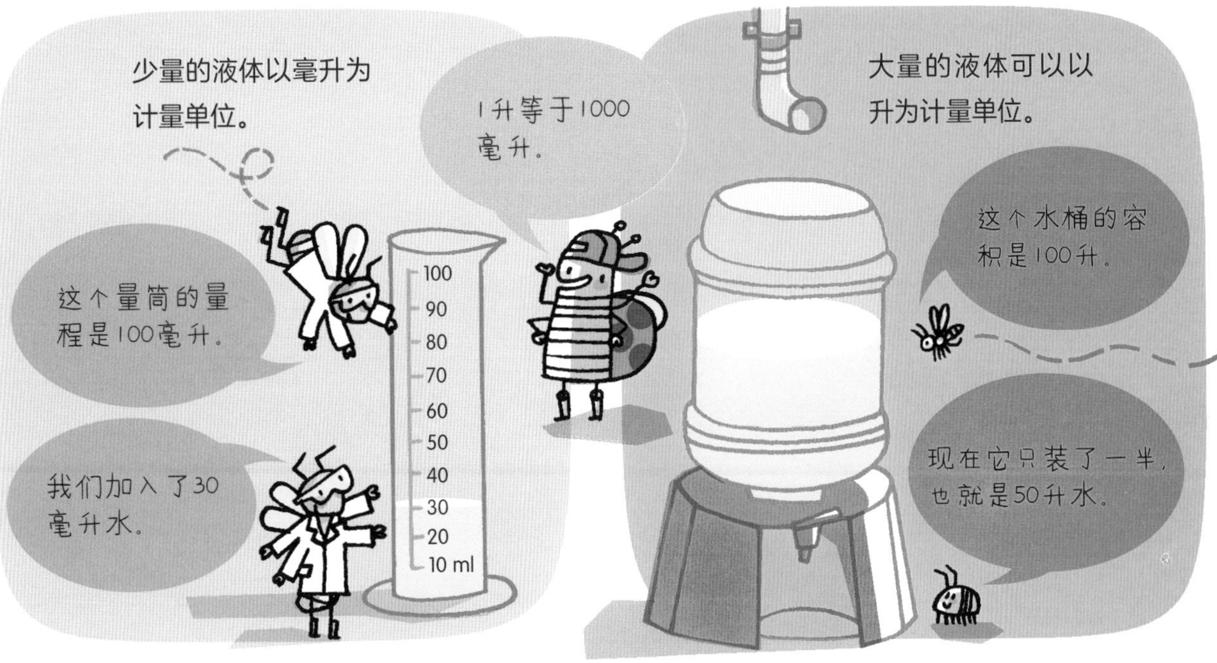
少量的液体以毫升为计量单位。
1升等于1000毫升。
这个量筒的量程是100毫升。
我们加入了30毫升水。
100
90
80
70
60
50
40
30
20
10 ml
大量的液体可以以升为计量单位。
这个水桶的容积是100升。
现在它只装了一半，也就是50升水。

下次去购物时，记得看看商品上的计量单位。

你认为下面这些物品通常用什么单位来计量？

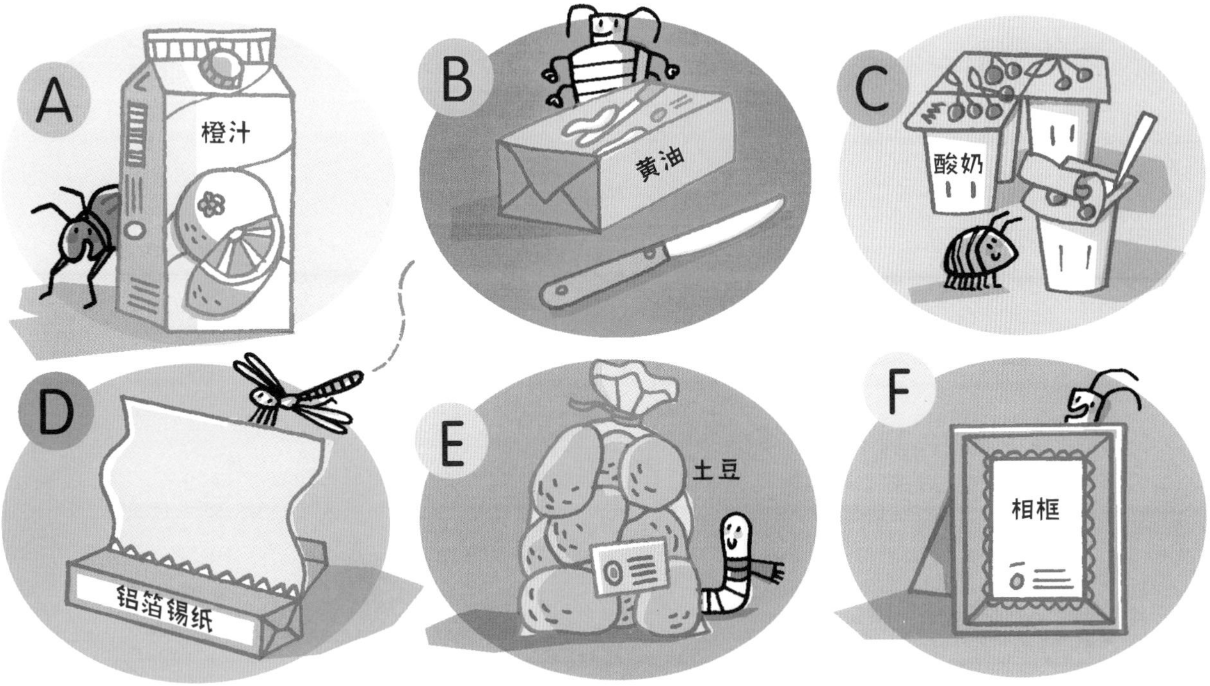
A
橙汁
B
黄油
C
酸奶
D
铝箔锡纸
E
土豆
F
相框

答案：A.升，B.克，C.克，D.米，E.千克，F.厘米

认识时间

时间可以让我们了解事情什么时候发生，持续了多久。

不同的日期用不同的词来描述……

我昨天去看了牙医。
我今天在看牙医。
我明天要去看牙医。

一天里的不同时间也用不同的词来描述。

计量时间的单位有秒、分、时。

1秒钟的时间里你大概可以说出……

1分钟等于60秒。

1小时等于60分钟。

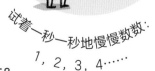

稍等！
那大概是你做10次深呼吸的时间。
做一个水果蛋糕大概需要1小时。

试着一秒一秒地慢慢数数：1，2，3，4……

在1分钟里还可以做哪些事？

1天有24小时。

时钟、手表和屏幕主要通过两种方式显示时间。

数字式钟表用数字显示时间。

冒号前面的数字表示整点。

冒号后面的数字表示整点过了多少分钟。

AM表示上午。
PM表示下午。

传统的时钟上有指针。

每个数字表示一天中的一个小时。

短针所指的位置表示现在是几时。

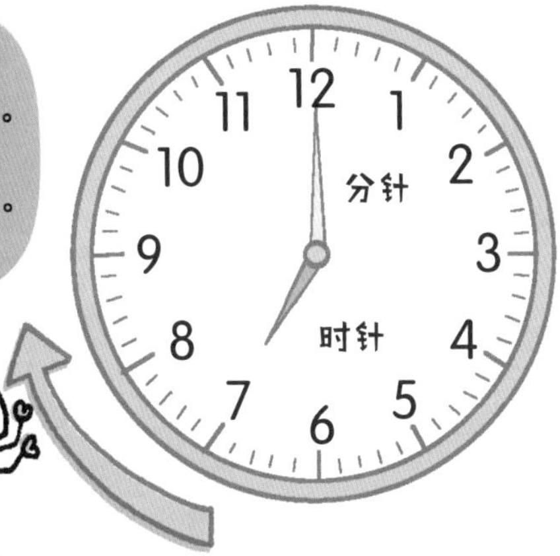

钟表上的小短线表示分钟。

长针所指的位置表示一小时过去了多少分钟（参见第60页）。

指针沿这个方向转动，这叫作顺时针方向。

你可以将1小时分为4等份或2等份。

如果长针指向12，则表示是某个整点。

短针指向1，所以现在是1点整。

这个钟面显示长针走了四分之一圈。

现在是一点一刻。

这个钟面上长针走了多远？

分针在钟面上走了半圈，现在是一点半。

长针再走四分之一就可以再次指向时钟的顶部。

长针指向时钟顶部时是2点整，所以现在是差一刻2点。

你可以通过数分钟来看时间。长针用来计算整点后过了多少分钟，或者距离下一个整点还差多少分钟。

长针从一个数字走到下一个数字需要5分钟。

试着五个五个地数数。如果长针指向4，那么数一数，5，10，15，20——就是整点过了20分钟。

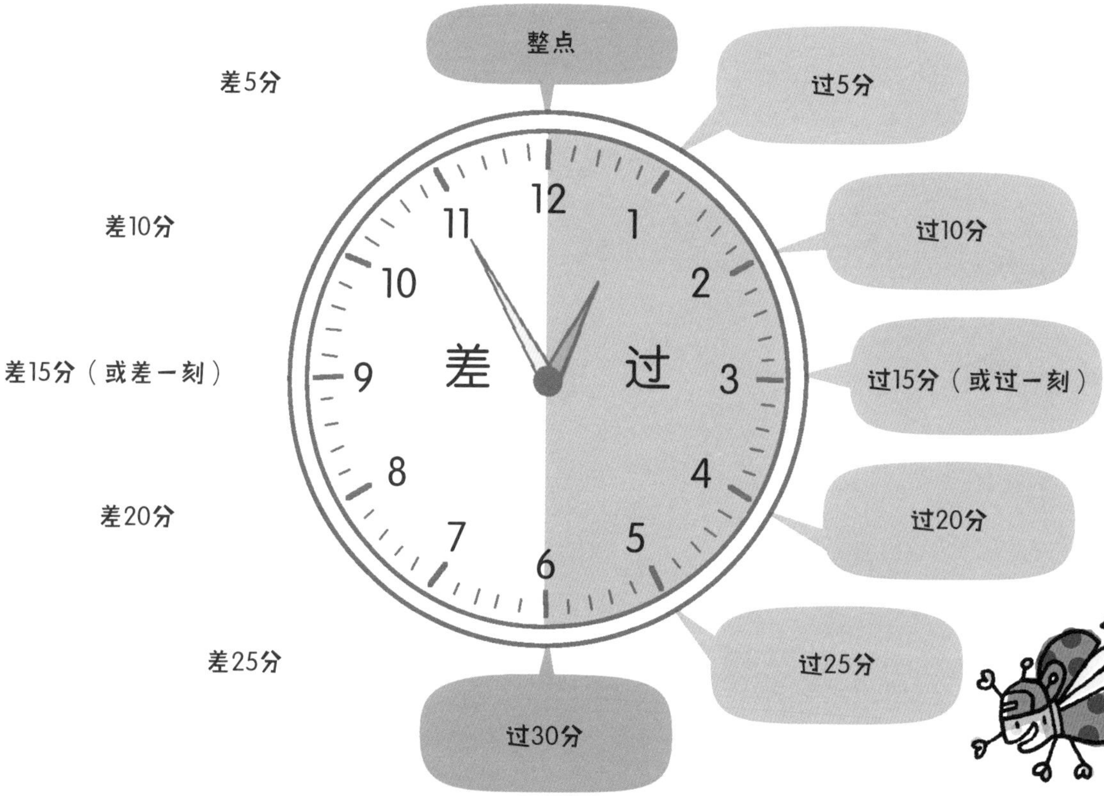

这些时钟分别表示几点？

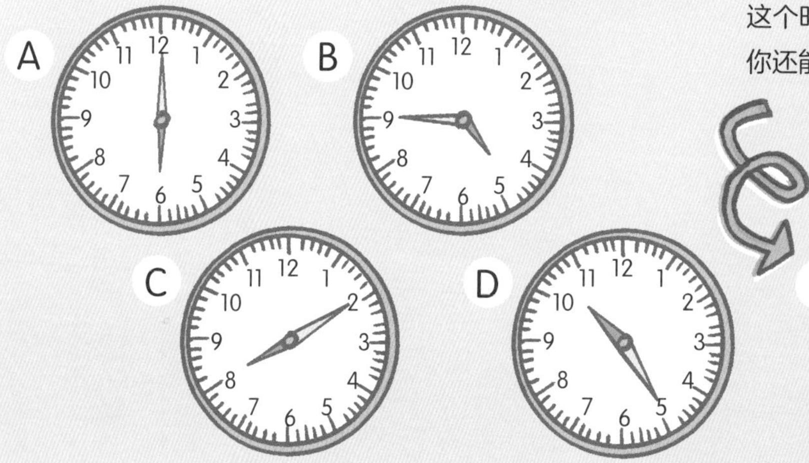

这个时钟是以罗马数字表示小时的，你还能认出上面的时间吗？

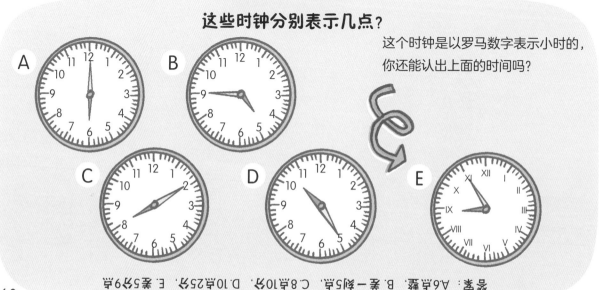

答案：A.6点整，B.差一刻5点，C.8点10分，D.10点25分，E.差5分9点

计量更长的时间可以以日、星期、月，甚至年为单位。

一星期有7天，下面是它们的排列顺序。

星期一　星期二　星期三　星期四　星期五　星期六　星期日

一年有52个星期。
年度
计划表
这两天是休息日。

公历一年分为12个月。

1月	2月	3月	4月
5月	6月	7月	8月
9月	10月	11月	12月

每个月大约有30天。给每一天编号，以表示确切的日期。

八月
14
这个日期是8月14日。

利用你的指关节和两个关节间的间隙，可以记住每个月的确切天数。

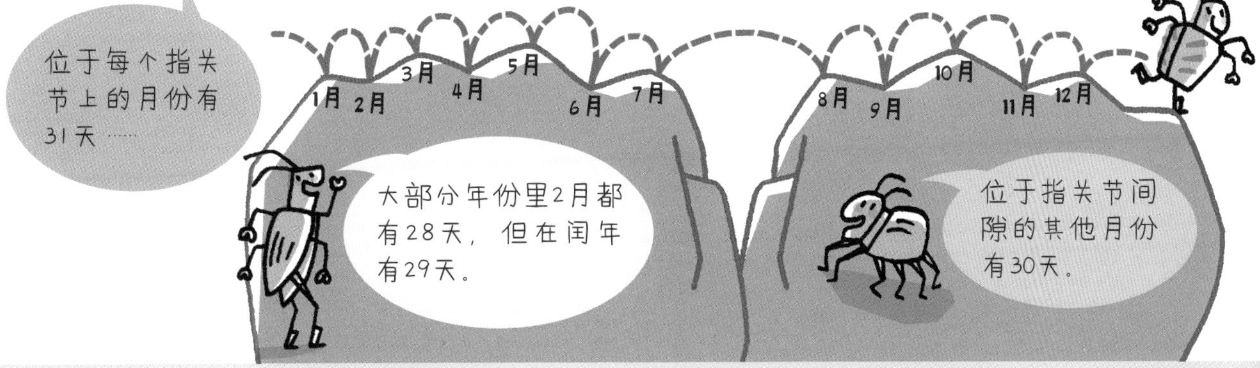

这一天的下一天是几月几日，星期几？

星期三
4月30日

答案：5月1日，星期四

这一天的前一天是几月几日，星期几？

星期一
8月1日

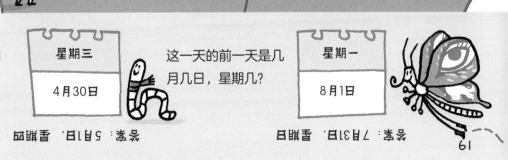

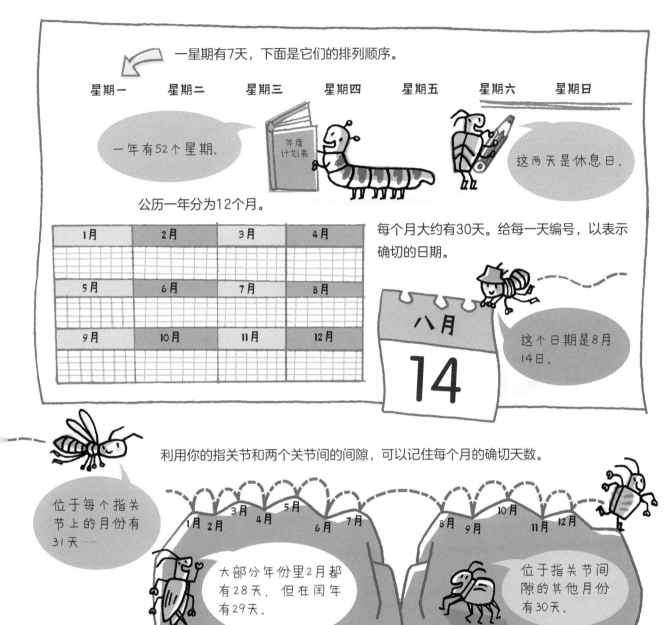

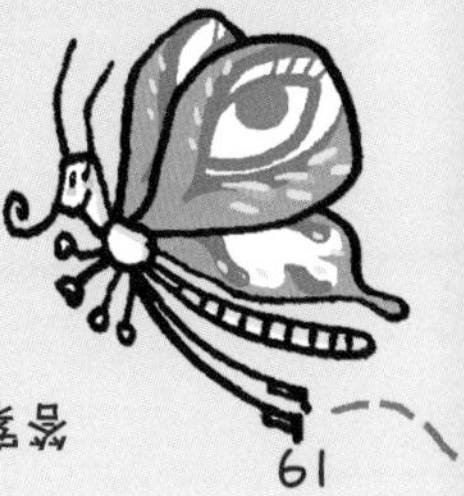

答案：7月31日，星期日

货币

人们用货币购买物品。我们经常用到的货币有硬币和纸币。

硬币或纸币上的数字表示它的面值，即它代表的价值。

我这枚硬币值甲虫的10枚硬币。
1
2
5
10
我的硬币面值最小。
10
20
纸币的面值通常比硬币大。

你也可以用银行卡或手机来付款。

不同的国家使用不同的货币单位。

下面是一些货币单位和它们的符号。

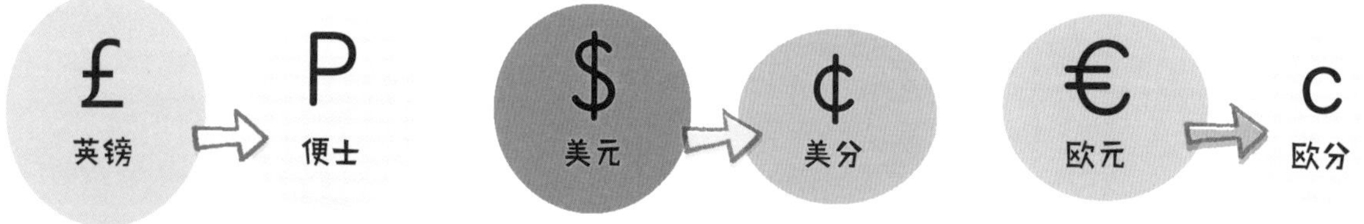

1英镑等于100新便士*　　1美元等于100美分　　1欧元等于100欧分

在英语中，英镑、美元或欧元的符号位于数字前。

便士或分的符号位于数字后。

一份小点心多少钱？
60p
60便士。

在其他语言中，欧元的符号€也会出现在数字后。

* 英国自1971年起实行新币制，1英镑等于100新便士。

你可以将不同面值的硬币组合起来，得到不同的数额。

下面是一些凑成20便士的方法。

20p

10p 10p

用加法算出硬币的总面值。

10 + 10 = 20

10p 5p 2p 1p 1p 1p

5p 5p 2p 2p 2p 2p 2p

如果买1瓶饮料需要1美元，应该怎样组合下面的钱呢？

记住，1美元等于100美分，所以硬币上的数加起来要等于100……

25¢ 25¢ 25¢

10¢ 10¢ 10¢

5¢ 5¢ 1¢

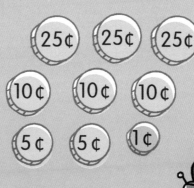

我们从面值最大的硬币开始组合，还差多少钱呢？

3 × 25 = 75

我们还需要25美分。

我们加上两个10美分和一个5美分的硬币。

25¢ + 25¢ + 25¢ + 10¢ + 10¢ + 5¢ = $1

购物时，你会看到以下面这种形式标注的商品价格。

一个小圆点将这个数分成了两部分，这个小圆点叫作小数点。

这次购物一共花了多少钱？

先把欧分的部分相加。

20 + 70 = 90

然后将欧元的部分相加。

一共花了2欧元90欧分，也就是2.90欧元。
€2.90

小虫点了一杯水果奶昔和一块比萨饼。一共花了多少钱？

菜单

橙汁	3.5元
水果奶昔	6.8元
比萨饼	9.75元
意大利面	36元

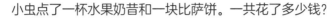

如果你付的金额不是刚刚好，店主或服务员会给你找零。

找零是指支付金额与价格之间的差值。

你可以用减法表示。

支付金额－价格＝找零金额

小虫用一张20元的纸币购买比萨饼和水果奶昔，需要给它找零多少钱？

20元 － 16.55元 = ☆

计算这道题的一个简单方法是，从应该支付的金额数，一直数到实际支付的金额，得到的数额就是找零的金额。

这是1元的硬币，给你3个，这样就是19.55元了。
1元
再给你4个1角和1个5分的硬币就是20元了。
1角
4角 + 5分 = 45分
一共给我找零3.45元。

你能解出这些题吗？

A

蜜蜂有100元纸币，

它买了一条80元的围巾。

商店要找给它多少钱？

B

甲虫的钱包里有这些钱。

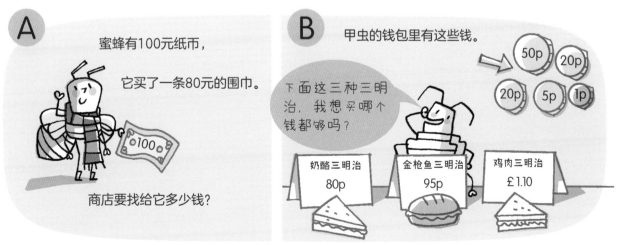

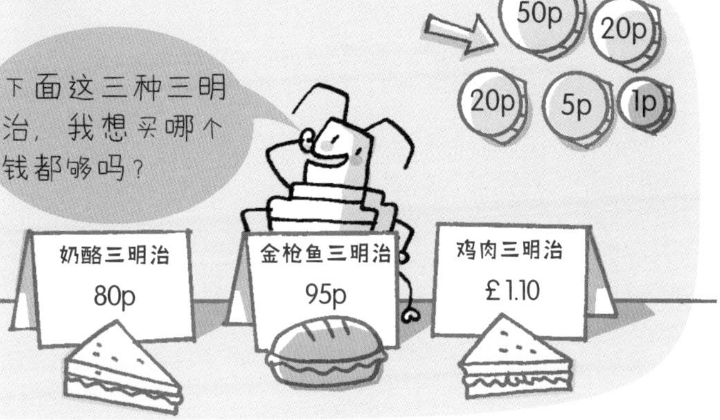

答案：A.20元，B.不能，只能买奶酪三明治或金枪鱼三明治

图形

图形各种各样，有的是平面图形，有的是立体图形。

在数学中，平面图形叫作二维（2D）图形，
它们有不同数量的边和角。

角是由两条或两条以上的边相接形成的。

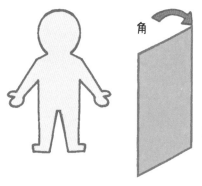

每个角都有顶点。

一些图形是对称的。
这表示其中的一半与另一半能够完全重合。

这两部分中间的虚线叫作对称轴。

一些图形有不止一条对称轴。

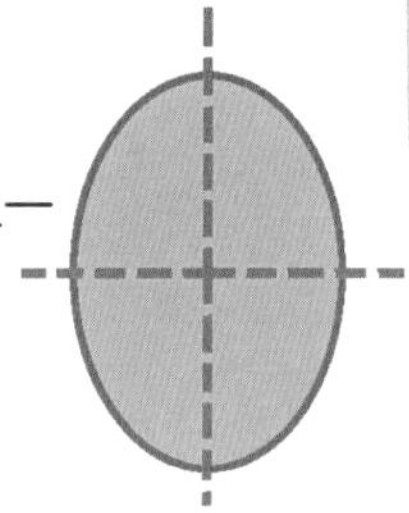

什么是二维图形？

二维图形指只有两个计量维度，或者说两个计量方向的图形。

一条直线只有一个维度。

一个平面图形有两个维度，是二维图形。

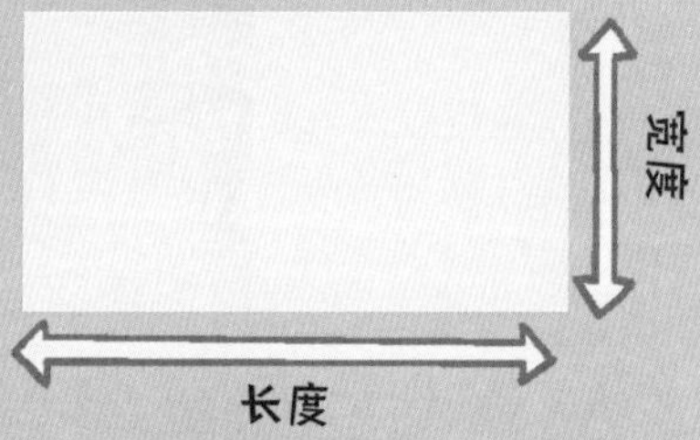

一个立体图形有三个维度，是三维图形。

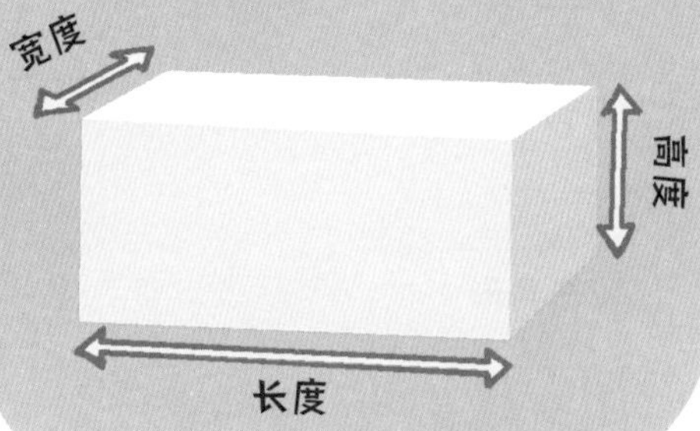

试试从一张纸上剪下不同的图形，然后从中间对折。

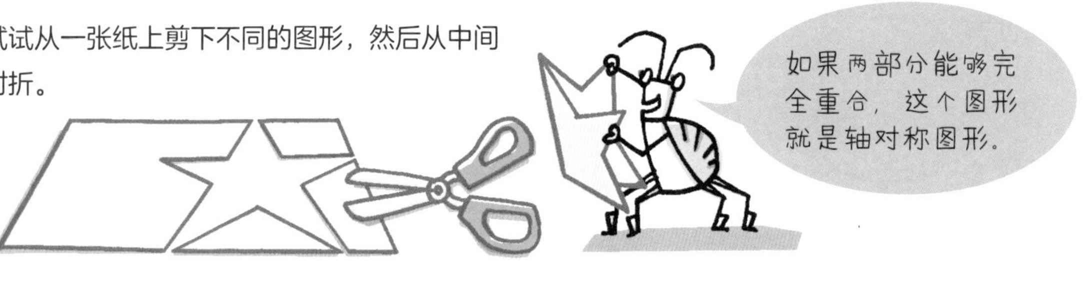

很多图形有自己的名字。

三角形

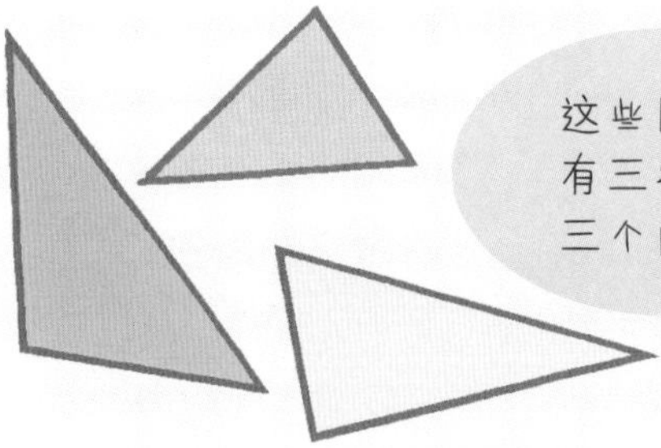

这些图形都有三条边和三个角。

五边形

这些图形都有五条边和五个角。

矩形

这些图形都有四条边和四个角。相对的两条边长度相等。

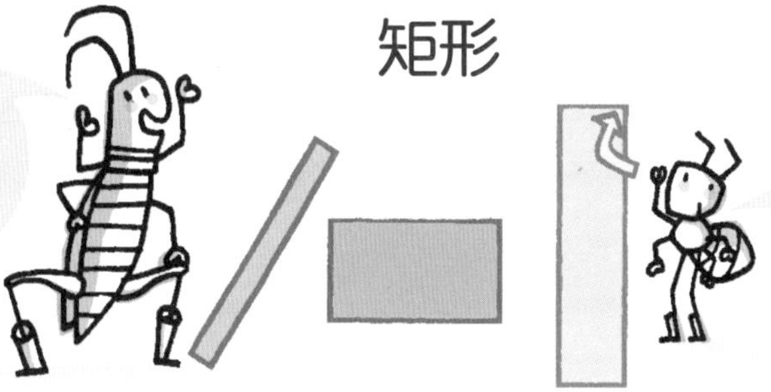

矩形中的四个角形状一样，这种角叫作直角。

正多边形指所有的边相等，所有的角也相等的多边形。

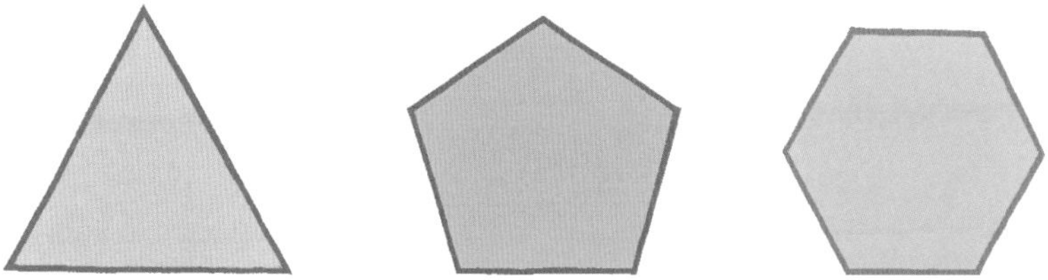

正三角形　　正五边形　　正六边形

六边形有六条边和六个角。正六边形有六条相等的边和六个相等的角。

四条边都相等的矩形叫正方形。

正方形

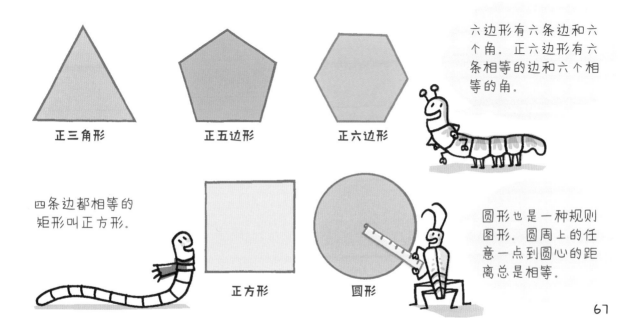

圆形

圆形也是一种规则图形。圆周上的任意一点到圆心的距离总是相等。

下面这些是三维图形。

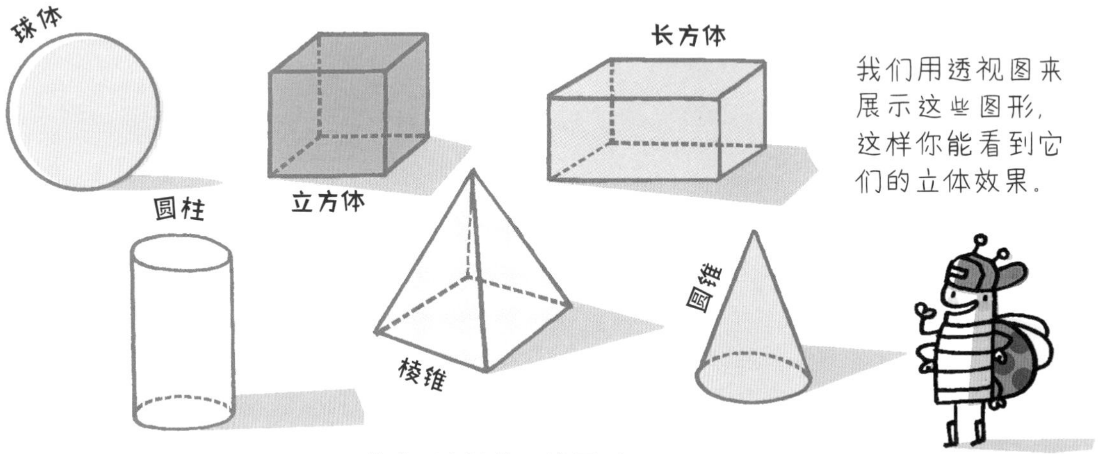

你家里有这些三维图形吗？

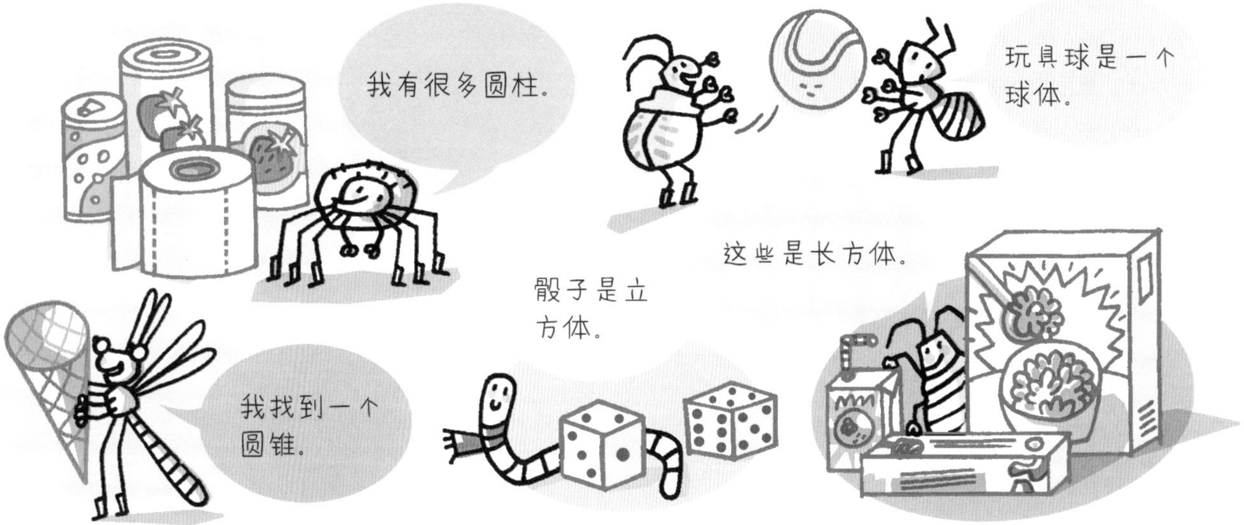

我有很多圆柱。
玩具球是一个球体。
这些是长方体。
骰子是立方体。
我找到一个圆锥。

试着推动一个三维图形，看看会发生什么。

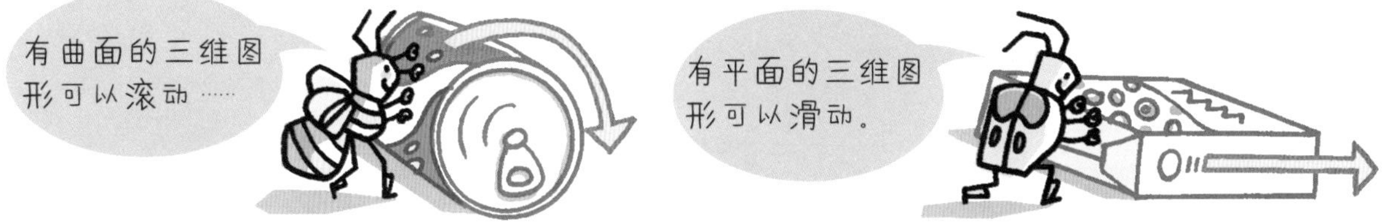

有曲面的三维图形可以滚动……
有平面的三维图形可以滑动。

这些物体分别是什么图形？

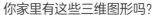

答案：A. 圆柱，B. 圆锥，C. 长方体

不同的图形有不同的特征。

在三维图形上，你可以数一数它们的面、棱和顶点。

立方体和长方体有6个面。

一个圆柱有3个面。

比较这些三维图形的特征。

图形	棱	顶点	面
立方体 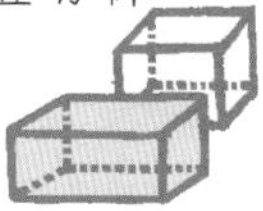 长方体	12	8	6
 球体	0	0	1
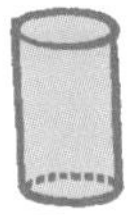 圆柱	0	0	3
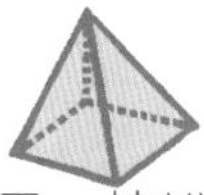 正四棱锥	8	5	5
 圆锥	0	1	2

许多三维图形都有至少一个平面。如果把它们用作图章，会印出哪些二维图形?

正方形。
长方形或正方形。
圆形。
三角形或正方形。

位置与方向

有很多词语可以用来描述物体所在的位置以及运动方向。

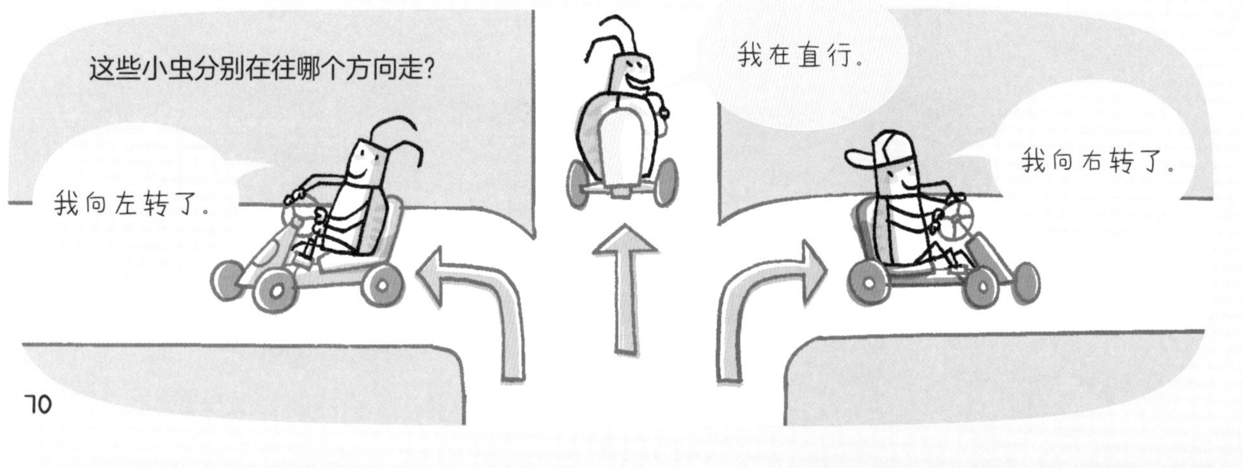

还有很多词语可以用来描述方向的改变。

控制盘上的旋钮沿顺时针方向转动。每个挡位要转多少？

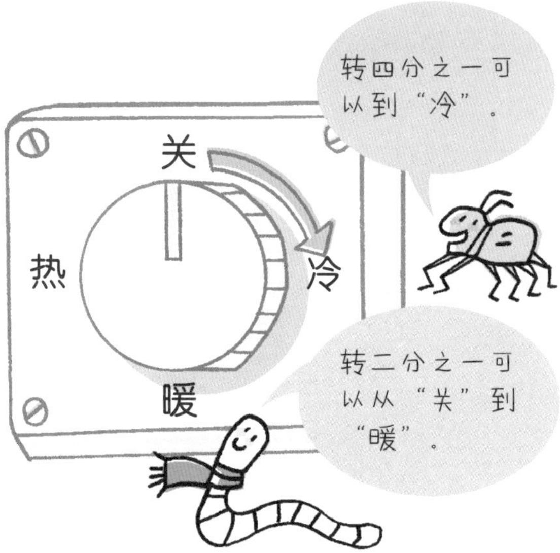
转四分之一可以到“冷”。
关
热
冷
暖
转二分之一可以从“关”到“暖”。

转四分之三可以到“热”。

转四分之一也叫作转一个直角。

如果将旋钮从“关”再次转到“关”，就是转了一整圈。

你能模仿瓢虫做这些转向动作吗？

起点　右转四分之一　左转二分之一　右转四分之三　左转或右转一整圈

蚂蚁在迷宫里迷路了，你能带它找到出口吗？

1.向前走2步，然后左转。

每个方格是一步。方向改变时试着转动书，使你自己和蚂蚁面对同样的方向。

2.向前走3步，然后再左转。
出口

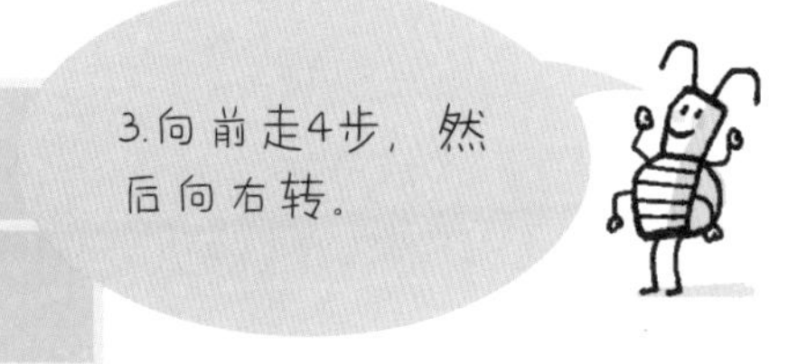
3.向前走4步，然后向右转。

4.出口就在正前方。

规律和序列

将图形按一定顺序组合在一起可以形成序列。
一个序列重复出现就形成了规律。

下面的顺序是黄色正方形、蓝色正方形交替出现。

按照这个规律，下一个出现的正方形应该是什么颜色？

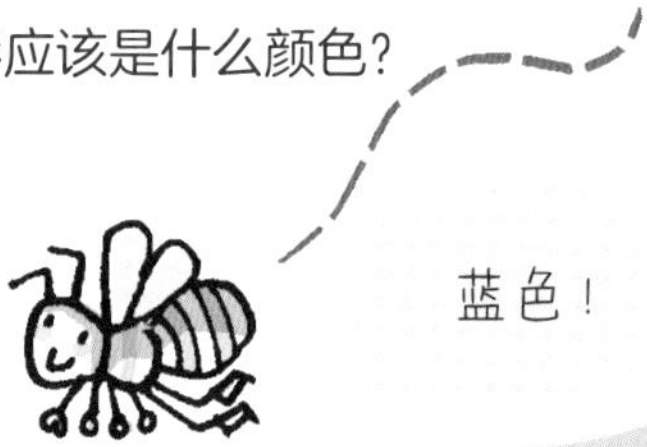
蓝色！

下图的规律是由三个图形组成的序列重复出现形成的。

按照这个规律，下一个出现的应该是什么图形？

黄色长方形。

你能解答下面的问题吗？

A 这个序列中缺少的是哪只小虫？

B 箭头接下来应该指向哪个方向？

箭头每次沿顺时针方向转四分之一。

答案：A.蜘蛛，B.下方

你也可以用数字组成序列。

想要理解一个序列，需要明白组成序列的规律。

下面的序列是按什么规律组合的？

每只瓢虫都比前一只瓢虫多两个斑点。
下一个是谁？
我！我有10个斑点。

下面的序列有什么规律？

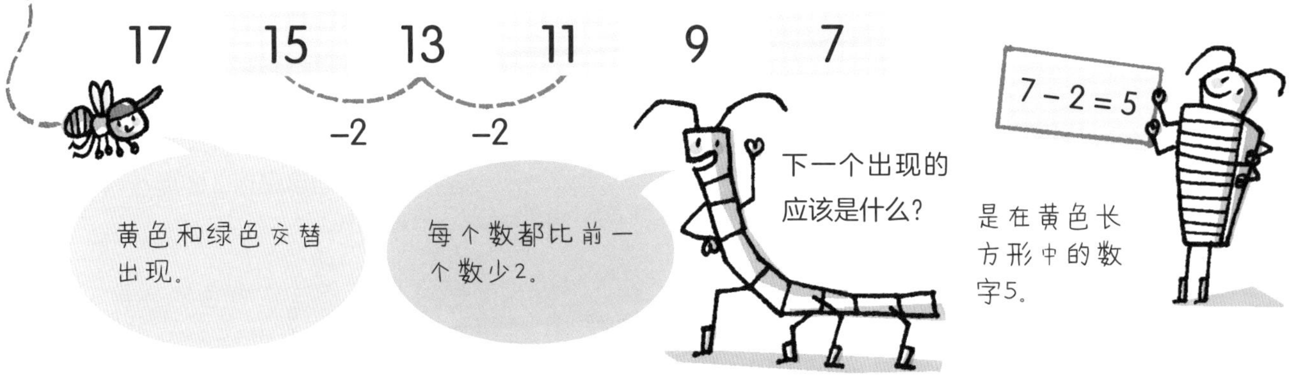

蚊子在用不同的图形、尺寸和颜色组成序列。

将每个图形与它后面的图形进行比较。蚊子每次改变的是什么？

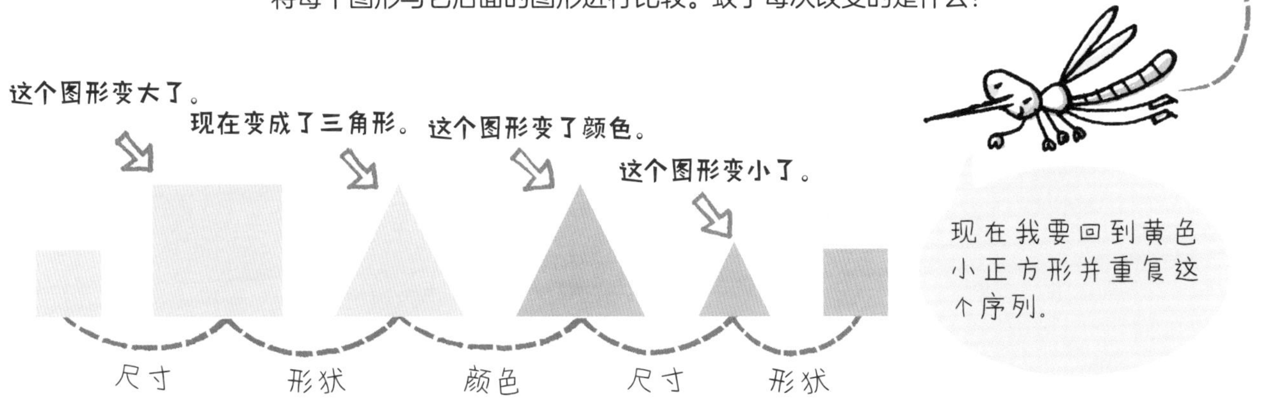

这个图形变大了。
现在变成了三角形。
这个图形变了颜色。
这个图形变小了。
现在我要回到黄色小正方形并重复这个序列。
尺寸
形状
颜色
尺寸
形状

尝试自己组合一个序列。

你可以使用图形或数字。

想一想这个序列要按什么规律组合。每次要改变什么？

把你的序列展示给朋友看，他们能想出接下来应该出现的内容吗？

数据的使用

数据是事实的集合。你可以通过数据找到有价值的信息。

下面的例子展示了数据在什么情况下会非常有用。

我们应该给队员们买哪种水果？
我们问问他们最喜欢什么水果。

公园旁的路有多繁忙？
我们数一数1小时有多少车辆经过就知道了。

我要带一件外套吗？
我们看看下周的天气预报。

你可以通过和他人的交流获取数据……

你们最爱吃哪种水果？

也可以通过观察和计算获取数据。

我在数有多少种不同的车辆经过。

计算机或智能手机里存储或使用的信息也叫作数据。

划记法在统计数据过程中非常有用。

这张统计表显示了队员们最喜欢的水果。

一共有24名队员，他们每人选了一种水果。

之后，你可以将同样的信息列在一张叫作象形图的图表里。

象形图用图片或符号来表示数据。

在这张象形图里，每个水果代表选择这种水果的一个队员。

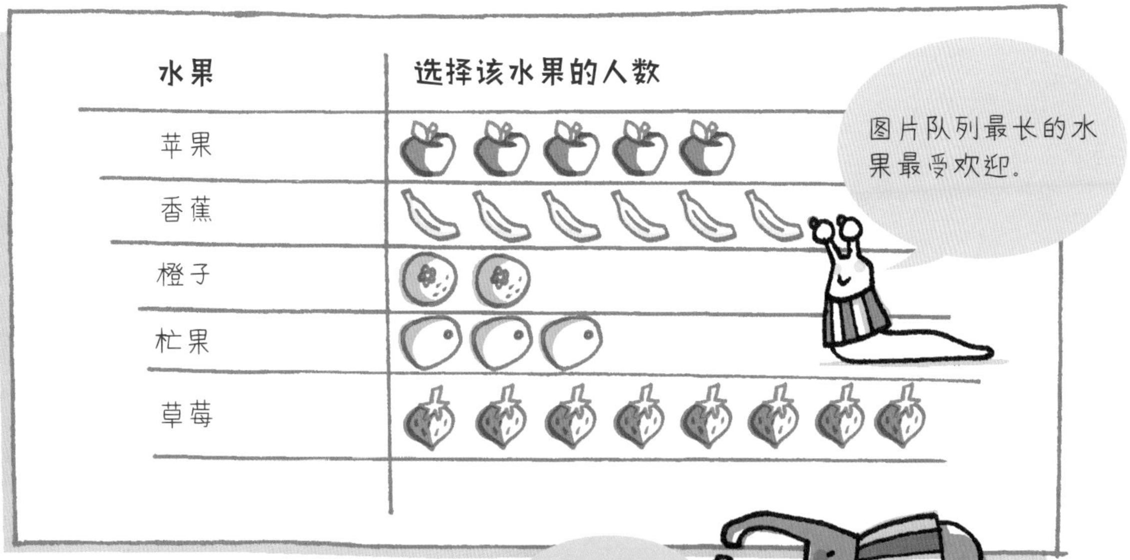

哪种水果最不受欢迎？

一种简单的展示数据的方法是使用表格。

这张表格显示了甲虫计算的车辆。

为了更好地读取信息，我们要确保表格整齐规范。

车辆类型	数量
小轿车	6
卡车	2
自行车	2
公交车	1
摩托车	4

将数据列在图表里通常更容易进行比较。

你可以将表格中的数据提取出来转化成方块统计图。

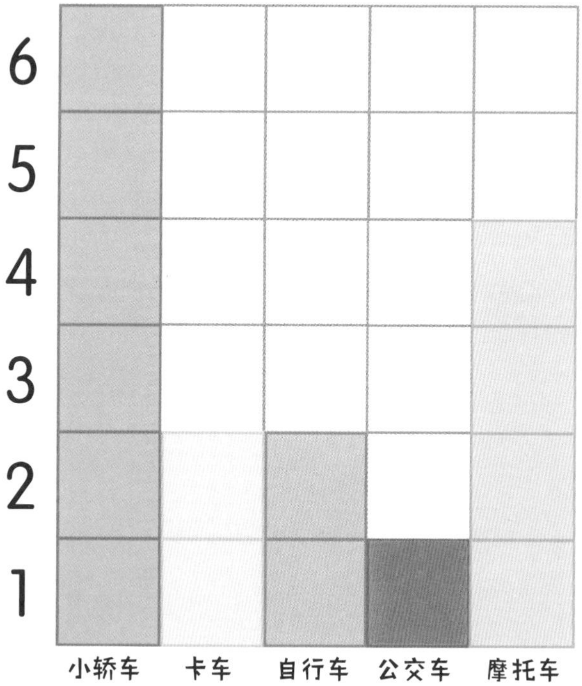

侧面的数字表明有多少车辆。

每个图块代表一辆车。

每种颜色代表一种车辆类型。

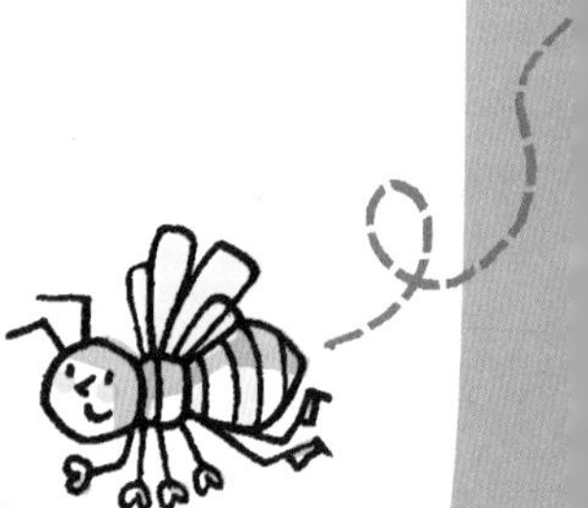

哪两种车的数量比较多?

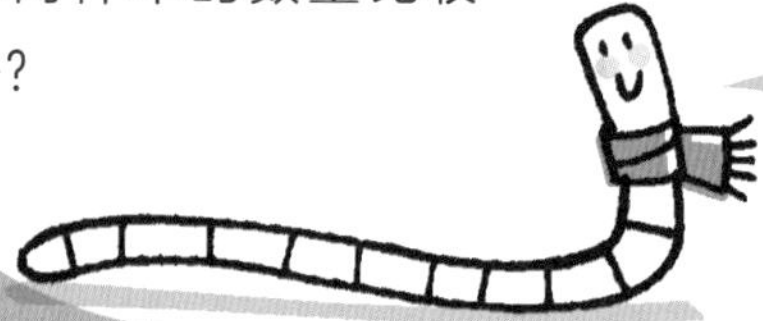

怎样才能减少路上的车?

乘坐公共汽车或步行来代替开车出行。

当处理数值更大的数据时，可以使用柱形图。

小虫们投票来选出运动会要设置的三个项目，每只小虫只能为一个项目投票。

长条柱代表项目。与长条柱顶端齐平的线对应的数字表示选择这个项目的小虫数量。

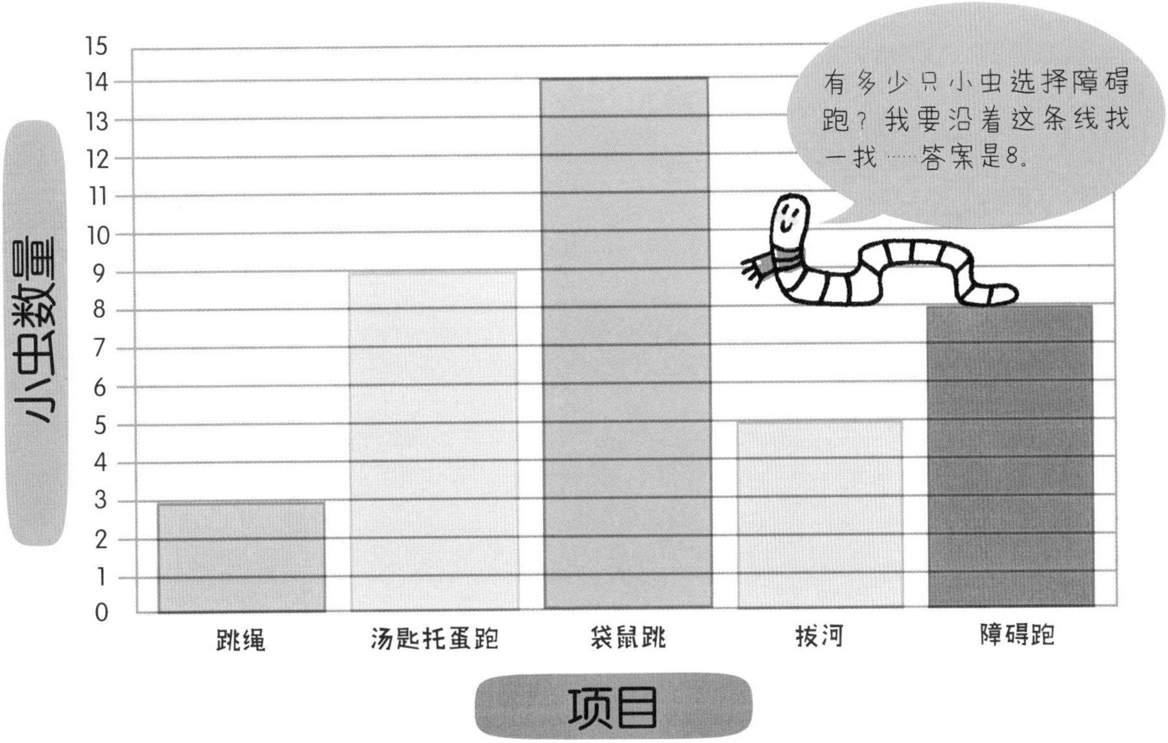

你能用以上数据回答下面的问题吗？

A 哪三个项目比较受欢迎？
B 哪个项目最不受欢迎？
C 选择袋鼠跳的小虫比选择跳绳的小虫多多少？
D 一共有多少只小虫参加了投票？

答案：A.袋鼠跳、汤匙托蛋跑和障碍跑，B.跳绳，C.11，D.39

你知道吗*

在这里可以查找本书中一些词语的解释。

拆分法： 将算式中的数分解成两个或两个以上便于计算的数的和或差的形式，再分别进行相应计算的方法。

乘法： 求几个相同的数的和的简便运算。

除法： 从一个数中连续减几个相同的数的简便运算。

凑整法： 通过分解或者组合，把一个数凑成整十、整百、整千这样的整数，使运算更简便、迅速的一种方法。

分数： 把一个整体或一组事物平均分成若干份，表示其中的一份或几份的数，如$\frac{1}{2}$。

奇数： 不能被2整除的数。

计量单位： 计量事物的标准量的名称，如米是计量长度的单位，千克是计量质量的单位等。

减法： 从一个数中减去另一个数的运算方法，或者指通过比较两个数的大小算出其中的差值的运算。

立方体： 用六个完全相同的正方形所围成的立体图形，也叫正方体。

立体图形：各部分不在同一平面内的几何图形，有长度、高度和宽度三个维度。立体图形也被称为三维图形。

六边形： 有6条边和6个角的多边形。

* 本部分内容仅供读者理解参考，具体词语定义请查阅相关权威资料。

面：物体的表面，面有平面，也有曲面。

面积：平面图形所占空间的大小。

逆时针方向：与钟表指针运动方向相反的方向。

偶数：可以被2整除的整数。

平面图形：指所有点都在同一平面的图形，如直线、四边形、三角形等都是基本的平面图形。在数学中，平面图形叫作二维图形。

容积：物体内部空间的大小。

顺时针方向：与钟表指针运动方向一致的方向。

体积：立体图形所占空间的大小。

五边形：有5条边和5个角的多边形。

象形图：用图片或符号表示数据的图表。

正多边形：所有的边相等，所有的角也相等的多边形。

周长：围成一个平面图形所有边的长度总和。

柱形图：一种展示数据的方式，用不同高度的长条柱代表不同数值。

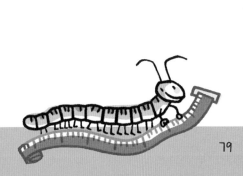

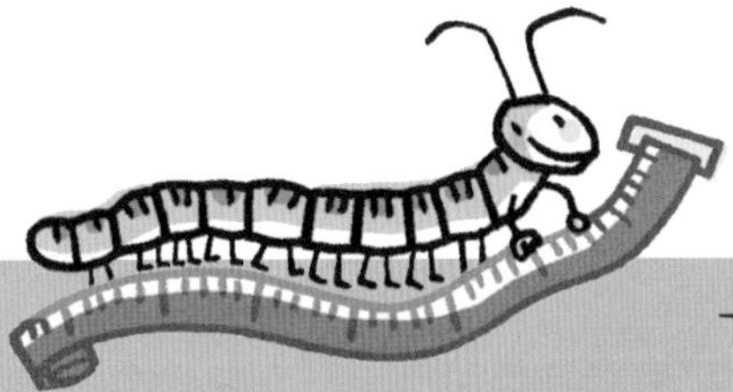

桂图登字：20-2020-291

图书在版编目（CIP）数据

你好呀，数学！/英国尤斯伯恩出版公司编著；孙迪译．—南宁：接力出版社，2024.6（2024.12重印）
（小学生应该知道的学科知识）
ISBN 978-7-5448-8389-4

Ⅰ.①你… Ⅱ.①英… ②孙… Ⅲ.①数学－儿童读物 Ⅳ.①O1-49

中国国家版本馆CIP数据核字（2024）第060601号

小学生应该知道的学科知识·你好呀，数学！
XIAOXUESHENG YINGGAI ZHIDAO DE XUEKE ZHISHI · NIHAO YA, SHUXUE!

责任编辑：唐玲　文字编辑：刘楠　美术编辑：杨慧
责任校对：阮萍　责任监印：郭紫楠　版权联络：闫安琪
出版人：白冰　雷鸣
出版发行：接力出版社　社址：广西南宁市园湖南路9号　邮编：530022
电话：010-65546561（发行部）　传真：010-65545210（发行部）
网址：http://www.jielibj.com　电子邮箱：jieli@jielibook.com
经销：新华书店　印制：河北尚唐印刷包装有限公司
开本：787毫米×1092毫米　1/16　印张：5.25　字数：68千字
版次：2024年6月第1版　印次：2024年12月第2次印刷
定价：32.80元